本书受到湘潭大学 2020 年精品教材项目资助
高等学校应用型特色系列教材

Python 程序设计

刘　新　王　婷　主编

杨晟院　曹明卷　傅立云　副主编

电子工業出版社

Publishing House of Electronics Industry

北京 · BEIJING

内 容 简 介

本书是一本面向Python初学者的入门书籍，特别针对普通理工科读者进行了编排设计。本书首先介绍了Python解释器和开发环境的安装方法；随后介绍了Python语言的基础知识，包括字符串、元组、列表、集合、字典等内置数据类型；然后介绍了一些相对高级的主题，包括函数、文件处理、数据处理与可视化。考虑到大多数读者没有编程基础，所以本书尽量以简单程序的形式解释相关知识点，所有程序都不涉及复杂的算法；编写的代码尽量遵守工业编程规范，以便让读者养成良好的编程习惯。

本书涉猎的范围较广，因此用"*"标注一些不需要初学者掌握的知识，教学时可以略过此部分，学有余力的读者可以自行阅读。

未经许可，不得以任何方式复制或抄袭本书之部分或全部内容。
版权所有，侵权必究。

图书在版编目（CIP）数据

Python 程序设计 / 刘新，王婷主编. —北京：电子工业出版社，2024.2
ISBN 978-7-121-47078-3

Ⅰ. ①P… Ⅱ. ①刘… ②王… Ⅲ. ①软件工具－程序设计 Ⅳ. ①TP311.561

中国国家版本馆CIP数据核字（2024）第006745号

责任编辑：王艳萍
印　　刷：三河市良远印务有限公司
装　　订：三河市良远印务有限公司
出版发行：电子工业出版社
　　　　　北京市海淀区万寿路173信箱　　邮编：100036
开　　本：787×1092　　1/16　　印张：15.25　　字数：387.2千字
版　　次：2024年2月第1版
印　　次：2024年2月第1次印刷
定　　价：52.00元

凡所购买电子工业出版社图书有缺损问题，请向购买书店调换。若书店售缺，请与本社发行部联系，联系及邮购电话：（010）88254888，88258888。

质量投诉请发邮件至zlts@phei.com.cn，盗版侵权举报请发邮件至dbqq@phei.com.cn。

本书咨询联系方式：（010）88254178或liujie@phei.com.cn。

前　言

Python 是目前非常流行的程序开发语言。作为一门函数式编程语言，它吸取了"前辈们"的多种优点，设计简洁而优美，使用起来方便而高效，是典型的门槛低而天花板高的语言，既像 Visual Basic 那样易于入门，又像 Java 那样具有强大的实际应用能力。

本书编者从 10 年前开始使用 Python 作为日常工作的工具，主要用于数据采集、数据分析及绘图、Excel 文件处理、人工智能编程。在学习和工作过程中，本书编者阅读了大量教材。由于知识背景的差异，国外名著的思维方式总是和中国读者有一定距离，刚入门的读者无法领略其中的精妙。而大多数一般教学书籍针对的读者是计算机专业的学生，忽视了非计算机专业的普通理工科学生才是 Python 语言学习的主力军。

有感于此，本书编者在自己的学习笔记的基础上，进行了大量修改，历经一年多，终于编写出了本书。本书深入浅出、由易到难地介绍了 Python 语言的基础知识，每个知识点都采用案例讲解为主、理论分析为辅的方式进行介绍。对于初学者容易犯的错误，本书进行了详细的说明和提示。

本书并不假设读者有任何编程经验，举例时也尽量避免复杂的数据结构和算法设计。每个例子都着重于 Python 知识点本身，尽量浅显易懂，不涉及其他领域的知识。为了让读者养成良好的编程习惯，本书的代码均尽量按照软件工程中的规范来编写。本书配备了大量示例程序、图例及代码说明，本书编者仔细调试过所有代码，确保无误。

本书编者根据多年的教学经验和工程经验，总结出 Python 初学者最需要的知识以及正确的学习方法，帮助读者用最少的时间获得最大的收益。本书特别适合理工科学生作为教材使用，也可用于自学。

本书共分为 11 章，先讲述了 Python 开发环境的安装方法，然后介绍了 Python 的基本语法知识，包括字符串、元组、列表、集合、字典等内置数据类型；然后循序渐进地介绍了一些相对高级的主题，包括函数、文件处理和数据处理与可视化。

第 1 章全面介绍 Python 的开发环境，详细讲解了 Python 解释器的安装方法，以及如何使用 Thonny 来编辑和运行一个 Python 程序，最后介绍了如何安装 Python 第三方库。

第 2 章介绍了 Python 的基础知识，包括数据类型、运算符与表达式、内置函数等，并通过几个简单实例来引导读者步入程序设计的大门。这一章是 Python 程序设计的基础。

第 3 章介绍了如何使用 Python 的流程控制语句来进行简单的程序设计，包括顺序结构、选择结构和循环结构，最后介绍了在工程编程中需要用到的异常处理语句。

第 4 章介绍了字符串。字符串是 Python 中最常用的数据类型，Python 为它提供了大量内置函数，同时还提供了索引和切片等方法。本章提供了多个综合示例以帮助读者提升字符串处理能力。

第 5 章和第 6 章介绍了元组和列表。它们都是序列类型，也是 Python 中最重要的数据结构。这两章分别介绍了元组和列表的创建、索引、切片、增加、删除、修改、查询、排序以及常用函数等相关知识。最后通过一些应用实例帮助读者加深对元组和列表的理解和运用。学完这一章，读者已经可以编写一些实用程序了。

第 7 章和第 8 章介绍了集合和字典。它们都是容器类型，也是 Python 中的高级数据类型。

使用这两种结构，可以在需要频繁查找大量数据时有效降低编程的烦琐程度并提高程序运行速度。

第9章介绍了Python中的函数。函数是Python中的"一等公民"，可以说Python程序的全部工作都是由各式各样的函数完成的。使用函数编程，可以使程序的层次结构清晰，便于程序的编写、阅读和调试。Python中的函数灵活多变，功能强大，建议读者将主要精力放在常用功能上。

第10章介绍了文件处理方法，包括文本文件、CSV文件和Excel文件，并介绍了与文件读写相关的知识，包括目录、编码等。学完本章，读者可自行编写一些具有实际价值的小软件。

第11章介绍了数据处理和可视化。本章中用于数据处理和可视化的工具是pandas、numpy和matplotlib，它们相互配合，可以完成非常复杂的数据分析和可视化展示功能。其中numpy主要完成矩阵计算功能，pandas主要完成数据读取和分析功能，matplotlib主要完成可视化功能。

本书几乎涵盖了所有Python基础知识。本书是编者根据多年的教学经验和软件开发经验总结出来的，将知识范围锁定在了适合本科教学的部分，用大量实例进行示范和解说，其特点主要体现在以下几个方面。

- 采用循序渐进的编排方式，适合初级、中级学者逐步掌握复杂的编程技术。
- 采用了大量示例，讲述Python中的基本知识点，并且尽量使这些示例简洁、规范，让读者能专注于知识点而不被其他事务干扰。
- 对有特点的示例进行详细的解释和分析，帮助读者理解和实践。
- 对于学习和编程中经常遇到的问题，以及需要注意的关键点予以提示。
- 按照递进关系组织章节，介绍新知识点时与已学知识点进行比较，易于读者理解。
- 采用技术要点、详细介绍、运行效果等多种方式进行讲解，系统性强、可读性强。

本书由刘新主编、统稿，并编写了第4~11章，王婷参与了第1~2章的编写和程序调试工作，杨晟院参与了第3章的编写工作，曹明卷和傅立云组织了全书的文字校对和排版工作。

本书编者为本书开发了可用于Python编程的实时测评系统，可用于日常编程训练、作业和考试，有需要的教师可以与编者联系（liuxin@xtu.edu.cn）。

本书大部分内容来自编者积累多年的学习笔记，有部分素材来自网络，无法　　标明出处，特向原作者致谢。在编写过程中，研究生陈勇、张思维华、谭超人、付鹏程、胡攀、苏友鹏、熊文杰、郭成、钟志成、凌赠棋参与了校对工作。本书受到了湘潭大学2020年精品教材建设项目的资助，在此一并表示感谢。

由于编者水平有限，书中错误在所难免，欢迎读者予以批评指正。

目　录

第 **1** 章

快速入门

Python是目前世界上非常流行的程序设计语言，近三年在TIOBE编程语言排行榜上一直位居前三。Python的学习门槛极低，编程效率极高，拥有庞大的第三方库，可以快速解决问题，被广泛应用于自动化办公、机器学习、科学计算、计算机辅助设计、系统运维、Web开发等领域，成为非计算机专业人士的首选编程语言。本章将介绍Python语言的基本特征、开发环境等基础知识，帮助读者快速跨入Python的殿堂。

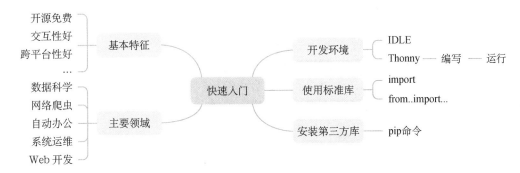

1.1　Python 语言概述

"Python"这个名字来自电视剧 *Monty Python's Flying Circus*。Python是由创始人吉多·范罗苏姆（Guido van Rossum）于1989年～1991年创建的，他的理想是开发一种介于C语言和Shell之间的功能全面、易学易用、可拓展的语言。第一个Python编译器于1991年被正式发布。几十年来，Python以其清晰、简单的特性在全世界广泛流行，成为主流编程语言之一。

Python的流行并不是偶然的，因为它具备以下特征。

- 开源免费，所有人都可以免费使用Python，即便用于商业项目也无须交费。
- 交互性好，可实时查看运行结果，降低了初学者的入门难度。
- 跨平台性好，在所有主流平台（例如Windows、Mac、UNIX、Linux等）上均可运行，无须修改源代码。
- 支持函数式编程和面向对象编程，用户可灵活使用。
- 作为一种"胶水"语言，拥有大量成熟、可用的第三方库，大大降低了编程难度。

- 是高级动态编程语言，编程时无须考虑变量类型、内存溢出等细节，程序的鲁棒性好。

由于 Python 简单易用，被广泛应用于以下领域。

- 自动办公。Python 可以轻松处理 Excel、Word、PPT、PDF 等文件，成为自动办公的好帮手。

- 数据科学。Python 可用于数据分析、数据可视化、数据挖掘、自然语言处理、机器学习、深度学习等。

- 网络爬虫。使用 Python 可以便捷地编写网络爬虫程序，从网页上爬取相关信息。

- 系统运维。Python 是脚本语言，可以方便地调用系统命令并实时获取返回信息，因此有不少系统运维人员使用 Python 进行运维工作。

- Web 开发。Python 拥有众多优秀的 Web 框架，例如 Django、Flask、Tornado 等，适合快速开发小型网站。

Python 目前拥有 Python 2.x 和 Python 3.x 版本，Python 2.x 已经不再升级维护。相较于 Python 2.x，Python 3.x 的语法规则和标准库有了很大变化，两者并不兼容。由于性能有了巨大的提升，因此目前大多数开发者使用的是 Python 3.x，因此本书只介绍 Python 3.x 的知识。

从本质上讲，Python 是一种混合范式编程语言，它既支持函数式编程，也支持面向对象编程，面向对象编程一般用于大型系统开发，而函数式编程更适合小型软件的快速开发。考虑到本书的读者均是编程初学者，本书只介绍函数式编程的相关知识，以帮助读者快速掌握基本的 Python 编程知识，编写出有一定实用价值的小程序。

1.2 开发环境

要学习一门编程语言，首先要安装该语言对应的开发环境。Python 的开发工具有很多，既有适合初学者的 IDLE、Thonny，也有适合专业开发人员的 PyCharm、VS Code、Anaconda 等。

Python 的官方网站提供的开发工具叫作 IDLE，它集成了 Python 的编辑器、解释器和运行器。IDLE 是一个比较简单的开发工具，只提供了基本的编程功能，包括语法高亮、代码补全、交互式运行、程序调试等，只适合初学者入门时使用。在 IDLE 的 Windows 版本中，3.7 版本适合 Windows 7 及之后的所有平台，3.8 版本适合 Windows 8 及之后的所有平台，3.10 版本适合 Windows 10 及之后的平台。本书以 IDLE 3.7 版本为例来讲解，请读者根据自己的计算机选择相应的版本，它们的安装和使用方法几乎没有区别。

1.2.1 安装 IDLE

首先进入 Python 官网选择所需要的版本。目前，一般的系统都是 64 位的，所以建议读者下载 64 位版本的安装包，如图 1-1 所示。

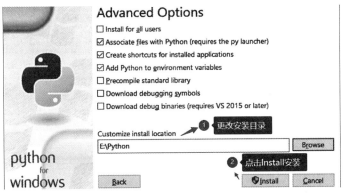

Version	Operating System	Description	MD5 Sum	File Size	GPG
Gzipped source tarball	Source release		4d5b16e8c15be38eb0f4b8f04eb68cd0	23276116	SIG
XZ compressed source tarball	Source release		a224ef2249a18824f48fba9812f4006f	17399552	SIG
macOS 64-bit installer	macOS	for OS X 10.9 and later	2819435f3144fd973d3dea4ae6969f6d	29303677	SIG
Windows help file	Windows		65bb54986e5a921413e179d2211b9bfb	8186659	SIG
Windows x86-64 embeddable zip file	Windows	for AMD64/EM64T/x64	5ae191973e00ec490cf2a93126ce4d89	7536190	SIG
Windows x86-64 executable installer	Windows	for AMD64/EM64T/x64	70b08ab8e75941da7f5bf2b9be58b945	26993432	SIG
Windows x86-64 web-based installer	Windows	for AMD64/EM64T/x64	b07dbb998a4a0372f6923185ebb6bf3e	1363056	SIG
Windows x86 embeddable zip file	Windows		5f0f83433bd57fa55182cb8ea42d43d6	6765162	SIG

图1-1　下载IDLE

IDLE 的安装过程与普通的 Windows 应用程序没有什么区别，注意在安装过程中应将安装目录修改为 C 盘以外的盘符，这样重新安装系统时无须再次安装 IDLE，如图1-2所示。

图1-2　安装IDLE

1.2.2　编写和运行程序

安装完成后，IDLE 会自动配置运行环境，并在系统的开始菜单中生成运行菜单，读者点击 IDLE 即可进入 IDLE 交互界面，如图1-3和图1-4所示。

图1-3　系统的开始菜单

图1-4　IDLE 交互界面

图 1-4 是启动 IDLE 之后的交互界面，其中的 ">>>" 是提示符，用户可以在这里输入 Python 的运行语句，按下回车键后会立即运行并显示结果。利用这个功能，读者可以快速验证代码的准确性。另外，交互界面也可以当作一个功能强大的计算器来用，读者可以尝试一下。

不过，交互界面的编辑功能很弱，代码行数稍微多一点就无能为力，所以在实际编程时更多地使用文件编写功能来编程。在 IDLE 中，在菜单中依次选择 "File" → "New File"，会弹出一个编辑界面，如图1-5所示。

写好代码之后，需要将代码保存为程序文件，这一步骤与用记事本编写文件差不多，用户按"Ctrl+S"键或依次选择"File"→"Save"，在弹出的对话框中填写主文件名，文件的扩展名就会自动保存为".py"。

保存好程序文件之后，就可以运行程序了。只要按"F5"键或依次选择"Run"→"Run Module"，程序运行结果就会显示在交互界面中，如图1-6所示。

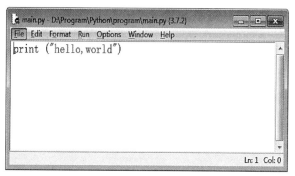

图1-5　编辑界面

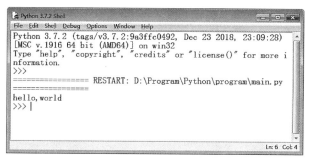

图1-6　程序运行结果

在图1-5中，我们把文件保存在"D:\Program\Python\program"目录下，将其命名为"main.py"，在图1-6中可以看到信息提示"RESTART:D:\Program\Python\program\main.py"，这就是完整的文件名。

如果编写的代码中有语法错误（例如关键字拼写错误），IDLE会弹出一个对话框，告诉用户在哪个地方出现了错误并拒绝运行，用户必须修改代码才能继续运行。

如果只是运行结果不符合预期，系统并不会报错，这种错误称为逻辑错误，读者可以继续修改并保存源代码，然后再次运行，直到结果运行正确。IDLE提供了程序调试功能（在"Debug"菜单下），对于规模比较大的程序，需要依靠调试功能才能更快地找到程序错误。

1.2.3　安装和使用 Thonny

Thonny是由塔尔图大学开发的一个开源免费的Python开发工具，极其容易上手，很适合初学者。Thonny自带了一个Python解释器，因此只要安装好Thonny，就可以直接开始编写Python代码了。当然，它也允许用户使用IDLE自带的Python解释器，以便保持版本的一致性。

相对于IDLE而言，Thonny的功能更强大，布局更合理，它的工作界面如图1-7所示。

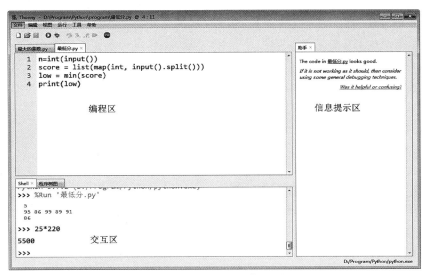

图1-7　Thonny 的工作界面

在图1-7中，左侧上半部分为编程区；左侧下半部分为交互区，输出结果会在这个位置显示；右侧为信息提示区，程序运行的相关信息会显示在这个区域。使用 Thonny 编程不需要在编程区和交互区频繁地进行切换。另外，它还提供了三种不同的方式来调试程序，比IDLE的调试功能强得多，因此推荐读者使用这个工具。

最后要说明的是，无论用IDLE还是Thonny，或其他开发工具，编写出来的程序文件实际上都是纯文本文件，是由Python解释器来逐行解释、运行的。也就是说，如果我们用开发工具写好代码，在其他计算机上运行时，并不需要把开发工具也复制过去，只需要安装相应版本的Python解释器就可以直接运行了。例如，图1-5中编写的程序文件为main.py，用下面的命令就可以运行。

```
D:\Program\Python> python main.py
```

注意：此时的main.py文件必须位于工作目录"D:\Program\Python"下，否则会提示找不到文件。

由于程序代码是纯文本文件，所以任意纯文本编辑器都可以编写Python程序，例如记事本、Sublime Text、EditPlus、EmEditor、UltraEdit等。

1.3　使用标准库

Python中的库是包含函数、类、常量的Python程序文件，如果这些程序文件是由官方编写的，就称为标准库，否则称为第三方库。

使用Python编程时必须要使用现有资源，既包括内部对象（例如元组、列表等），也包括标准库中的对象（例如math、os等，它们也可以称为库，但在Python中一切都可以称为对象），还有大量第三方库中的对象（例如numpy、pandas等）。其中内部对象和标准库在安装IDLE时就已经安装好了，第三方库必须要利用pip命令安装后才能使用。

对于内部对象，编写程序时可以直接使用，无须其他额外操作。至于标准库中的对象，则必须用 import 语句引入之后才能使用，标准的写法有以下三种。

```
import 库名 [as 别名]
from 库名 import *
from 库名 import 对象名 [as 别名]
```

任何一种方法都可以将标准库中的对象引入程序中，只是书写的烦琐程度有所区别，读者可以根据实际情况选用。

1.3.1 引入方法一

如果需要使用标准库中的对象，可以用"import 库名"的方式来引入。不过，引入标准库之后，使用其中的对象还需要用"库名.对象名"的方式。这里的库名是标准库本来的名字，这个名字通常比较长，写起来不方便，因此可以给它取一个比较短的别名，使用时可以使用别名，这就成了"import 库名 [as 别名]"的形式。

例如，Python 提供了一个名为 random 的标准库，内部有大量随机函数可供使用，我们利用 IDLE 的交互界面来测试一下。

```
>>>import random
>>>n=random.randint(100,200)          #随机生成一个整数
>>>n
119
```

在这个例子中，先用 import 语句引入 random 库，再用其中的 randint() 函数随机生成一个 100～200 的整数，注意 randint 前面需要加上库名"random"。如果使用了多个函数，则每个函数前面都要加上这个前缀。如果使用别名的形式，代码将更加简洁，示例如下。

```
>>>import random as rd
>>>d=rd.random()
>>>d
0.738148510112592
```

📖　在 Python 中，函数也是对象。另外，无论是 randint() 函数还是 random() 函数，产生的数据都是随机的，所以读者如果在自己的计算机上验证这段代码，得到的输出结果会不同。

实际上，import 语句可以一次性导入多个标准库，它的完整形式是：

```
import 库名 1 [as 别名 1],库名 2 [as 别名 2],…
```

但这并不是一个好习惯，因此推荐每个标准库都用一条 import 语句来引入。

1.3.2 引入方法二

在引入方法一中，尽管可以使用标准库中的任意对象，但每个对象前面都需要加上库名作为前缀，如果使用的对象比较多，就比较烦琐，Python 提供了一种更简洁的引入方法。

```
from 库名 import *
```

采用这种方式可以引入标准库中的所有对象，而且使用时无须用库名作为前缀，示例如下。

```
>>>from random import *
>>>n=randint(100,200)
>>>n
198
>>>d=random()
>>>d
0.9465889050319736
```

这里使用randint()函数和random()函数时不再需要random作为前缀，代码更简洁。

1.3.3　引入方法三

采用引入方法二引入标准库也有一个致命的问题：不同的标准库中可能会存在同名的对象，这会导致系统无法判断到底使用哪个对象，运行时会报错。为了解决命名冲突，Python提供了另一种引入库的方法。

from　库名　import　对象名　[as　别名]

这种方法不会一次性引入标准库中的所有对象（包括函数），只会引入需要的对象。如果两个标准库中有同名对象，那么至少有一个标准库需要用这种方法来引入，以避免冲突。

在下面的例子中，只引入了random库中的randint()函数，所以它可以正常使用，而random()函数则无法使用。

```
>>>from random import randint as rdi
>>>n=rdi(100,200)
>>>n
170
>>>d=random()
Traceback (most recent call last):
  File "<pyshell>", line 1, in <module>
NameError: name 'random' is not defined
```

与引入方法一一样，本方法也可以一次性引入多个对象，语法格式为：

from　库名　import　成员名 1 [as　别名 1],成员名 2 [as　别名 2],...

不过，为了清晰起见，推荐读者一次只引入一个对象。

1.4　安装第三方库

使用第三方库中的对象和使用标准库中的对象的方法是一样的，也需要用import语句来引入。但是，由于安装IDLE时并没有安装第三方库，所以需要另外安装第三方库，这就需要用到pip命令。

一个完整的pip命令如下，常用的命令参数如表1-1所示。

pip　命令参数　[选项]

表 1-1 常用的命令参数

命令参数	含义	举例
install	安装库	pip install xxxx
uninstall	卸载已安装的库	pip uninstall xxxx
download	下载指定的第三方库	pip download xxxx
list	列出所有已安装的第三方库	pip list
show	列出已安装的第三方库的信息	pip show xxxx
check	检查已安装的第三方库的依赖性	pip check xxxx
config	管理本地和全局配置	pip config xxxx
help	打印帮助信息	pip help

实际上用得最多的命令参数是"install"。请注意，pip命令并不是在IDLE的交互界面中使用的，而是在系统的控制台中以命令行的形式使用的。

在Windows系统中，点击"开始"按钮，然后输入"cmd"调出控制台，在命令行中输入pip命令即可操作，如图1-8所示。

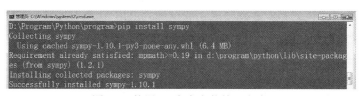

图1-8 使用pip命令安装第三方库

在图1-8中，安装的第三方库为sympy，这是一个符号计算库。本书的后半部分会介绍科学计算库numpy、数据分析库pandas、可视化库matplotlib等，都需要用这种方式来安装。

第三方库安装成功之后，就可以用import语句引入所需的库和对象，使用方法与标准库相同，不再赘述。

习题

1、下载并安装IDLE或Thonny。

2、在交互界面中输出自己的班级、姓名、学号等信息。

3、用纯文本编辑器编写代码并运行，输出自己的班级、姓名、学号等信息。

4、引入math库，使用其中的三角函数，例如sin()、cos()、tan()等。

5、用pip命令安装numpy、pandas、matplotlib。

第 **2** 章
编程基础

本章介绍Python程序设计的基础知识。学完本章，读者可以编写一些简单的小程序。

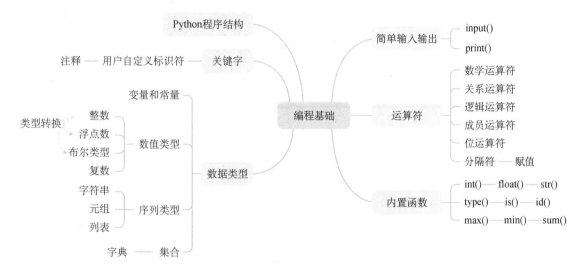

2.1 Python 程序结构

Python解释器在运行代码时，按照代码在文件中的位置，从第一条语句开始，从上往下依次运行，直至最后一条语句。在运行过程中，有些语句可能只运行一次，有些语句需要运行多次，有些语句可能一次都不运行。为了控制程序的运行，所有语句被分为三种结构，分别是顺序结构、选择结构、循环结构。计算机科学家们已经证明，任何程序设计语言都只需要这三种结构的语句就可以完成所有任务，下面通过示例程序来介绍这三种结构。

在例 2-1 中，程序要求用户输入一个整数，然后判断这个数是否大于0，如果是则计算 $1+1/2+\cdots+1/n$，否则输出 "Error"。我们首先来看一种简单又直观的写法。

【例2-1】分数累加求和（代码1）

```
1.    num=int(input('please input a number:'))          #输入一个整数
2.    if num>=1:                                         #判断是否为正整数
3.        sum=0.0                                         #累加器清零
4.        for i in range(1,num+1):                        #循环求和
5.            sum += 1/i
6.        print(f'sum={sum:.4f}')                          #输出求和结果
```

```
7.          else:
8.              print("Error")
```

📖 每一行前面都加上了序号，这是为了描述方便，它们不属于程序本身，请读者编程时务必去掉这些序号。

这个程序的基本思路已经在注释中写出来了，对于初学者有些难，可以暂时不必深究，这里的重点是了解Python代码的基本结构。

总体来说，这个程序会从第1行开始逐行往下运行，直到最后一行，但其中有些代码的运行流程并不这么简单，下面逐一进行分析。

第1行是赋值语句，它是顺序结构，即从上往下运行，这条语句有且只有一次运行机会。

从第2行开始是条件语句，它是选择结构，这里有两个分支。第一个分支包括第2～6行。Python规定使用缩进来表示代码块（实际上，IDLE这样的编辑器都会自动缩进一个制表符的宽度，默认是4个字符），所以第3～6行相对于第2行都缩进了4个字符。第7行是与if语句配套的else语句，它必须与if语句对齐，第8行的print语句也要相对于else语句缩进。很明显，运行这个程序时，要么运行if语句，要么运行else语句，只能有一部分语句被运行。

从第4行开始是for循环语句，它的循环体是第5行。与顺序结构不同，循环体中的语句（也就是第5行的复合赋值语句）会反复运行。细心的读者会发现，第5行相对于第4行缩进了4个字符，而第6行则是与第4行对齐的，系统也正是凭借这一点判断出第5行属于for循环语句，而第6行不属于for循环语句。同时，第6行相对于第2行是缩进的，所以它属于if语句。

📖 与大多数语言不一样，Python通过代码缩进与对齐的方式决定语句的归属，这样虽然丧失了代码书写的灵活性，但提高了代码书写的规范性，有利于初学者写出规范的代码。

例2-1还可以用函数形式来组织代码，这样的程序可读性更好，如例2-2所示。

【例2-2】分数累加求和（代码2）

```
1.   def fract_sum(num):
2.       if num>=1:
3.           sum=0.0
4.           for i in range(1,num+1):
5.               sum += 1/i
6.           return f'sum={sum:.4f}'
7.       else:
8.           return "Error"
9.
10.  num=int(input('please input a number:'))
11.  print(fract_sum(num))
```

这个程序的思路与例2-1是一样的，但它是以函数形式来组织的。第1行的关键字"def"表示定义了一个函数，本行是函数头。函数体从第2行开始，到第8行结束，函数体也要相对于函数头缩进至少一个字符。这个函数的作用是求出分数的累加和，并以字符串的形式返回，它也是整个程序的主体部分。

第 9 行是一个空行，没有任何字符。从理论上来说，这个空行可以不要。但是为了便于阅读和理解程序，一般会在一个函数结束之后留出至少一个空行，这样从视觉上可以很方便地分辨出函数的结束位置。

第 10 行和第 11 行是独立的语句，不属于 fract_sum() 函数，它们是与第 1 行对齐的。它们的作用也很简单，即首先输入一个整数，然后输出求和结果。

要注意的是，与例 2-1 不同，这个程序不再从第 1 行开始运行——因为第 1 行是函数头，而 Python 规定函数只能被其他语句调用，系统本身不会主动运行函数中的代码，于是解释器会从上往下逐行查找第一条不属于任何函数的语句并运行它。对于这个程序，第一条可运行的语句是第 10 行的赋值语句，于是这个程序就从第 10 行开始运行，运行到第 11 行时会调用 fract_sum() 函数，这时才会进入函数体中运行代码。

如果从代码量的角度来看，例 2-2 的程序有 11 行，而例 2-1 的程序只有 8 行；但是从可读性的角度来看，第 2 个程序更利于理解。实际上，越复杂的程序越要写成函数形式，这种形式称为结构化程序。

有读者可能会想，能不能把第 10 行和第 11 行的代码写到函数前面去呢？这是不行的，因为运行到第 2 行（原来的第 11 行）时需要调用函数 fract_sum()，而这时该函数还没有被定义，会出现运行错误，读者可以尝试一下。

在第 1 章中曾经提到，用关键字"import"可以引入标准库，也可以引入第三方库。例 2-2 也可作为第三方库被其他 Python 程序引入，但这时会出现一个小问题：这个程序并非是完全由函数组成的，其中存在可以直接运行的独立语句，因此如果用"import 主文件名"的形式引入，这个程序会被立即运行，与在 IDLE 中按下"F5"键的运行情况是一样的。

有时我们希望自己写的代码既能独立运行，又能被其他程序引入而不会立即运行。为了解决这个矛盾，Python 为程序提供了"__name__"属性，程序可以通过这个属性值来确定自己的运行环境。代码如果是通过命令行运行的，这个属性值被系统设置为"__main__"；如果是用 import 语句引入的，这个值被设置为库名。将例 2-2 的程序改写成以下形式。

【例 2-3】分数累加求和（代码 3）

```
1.      def fract_sum(num):
2.          if num>=1:
3.              sum=0.0
4.              for i in range(1,num+1):
5.                  sum += 1/i
6.              return f'sum={sum:.4f}'
7.          else:
8.              return "Error"
9.
10.     if __name__=='__main__':
11.         num=int(input('please input a number:'))
12.         print(fract_sum(num))
```

在第 10 行多了一条判断语句，只有在库名等于"__main__"的情况下，第 11 行和第 12 行的语句才会运行。所以这个程序如果在 IDLE 中运行，与例 2-2 并没有什么区别；如果被其他程序引入，由于这条判断语句的存在，第 11 行和第 12 行的语句不会被运行，函数 fract_sum()

也不会立即被调用。

> 📖 注意："__name__"和"__main__"前后的下画线都是两个，而非一个。

2.2 关键字和用户自定义标识符

在例2-3中，程序的主要组织单元是函数，而函数本身由若干条语句构成。再继续细分下去，每一条语句又被空格、运算符或其他分隔符分成一个个单词，例如def、fract_sum、num、if、sum、for、i、in、return、else、print等。这些单词又可以分为两类，一类是def、if、for、in、return、else等，这些单词是Python已经预先定义好、用户无法修改的，它们的含义和作用也是固定的，称为关键字或保留字。Python的35个关键字如下。

False	class	from	or	None	continue	global	pass	True	def
if	raise	and	del	import	return	as	elif	in	try
assert	else	is	while	async	except	lambda	with	await	finally
nonlocal	yield	break	for	not					

特别要注意的是，Python是区分大小写的，例如"for"是关键字，而"For"和"FOR"不是关键字。

另一类单词（例如fract_sum、num、sum、i等）是用户根据需要自行命名的，又称为用户自定义标识符。如果继续细分，用户自定义标识符又可以分为两类，一类是函数名，另一类是变量名。在Python中，这两类用户自定义标识符的规则是完全一样的，下面以变量名为例来讲解。

Python规定，变量名不得与关键字相同，它只能以字母、下画线和数字构成，并且只能以字母或下画线开头。以下都是合法的变量名。

| i | count | num_day | ScollLock | a789 | a89 | Python | Int |

下列变量名是不合法的。

| abc&# | a3*4 | int | b-c | #ab | class |

除了以上强制性规则，编程时还应遵循一些常见的命名规则，以便让程序易于理解。首先，变量名应该做到"见名知意"，即尽量使用有意义的英文单词给变量命名，这样根据变量名就可以知道该变量的作用。例如例2-3中的"num"和"sum"分别表示一个数及一个和值；如果将它们命名为"a"和"b"，虽然程序也可以正常运行，但是谁也不知道这两个变量的作用。

有时，一个英文单词可能不足以表示变量的意义，可以使用2~3个英文单词或缩写来命名。有两种命名风格，一种是类UNIX风格，即每个单词都小写，用下画线连接各个单词，例如"fract_sum"；另一种是驼峰风格，即每个单词的首字母大写，其他字母小写，例如"StudentName"。具体采用哪一种风格，读者可以根据自己的喜好来决定，但是在同一个程序中，应该保持风格的一致性。

Python 3.x可以使用中文作为变量名，但它并不支持中文符号。如果变量名采用中文，容易将各种分隔符也输入成中文符号，会导致程序出错，因此建议读者使用全英文的命名方式。

2.3　注释

很多情况下，如果单纯看代码，可能很难看懂代码的功能。为了便于理解代码，我们需要在代码中加入自然语言来进一步阐述代码的功能，称为注释。注释是给程序的阅读者看的，解释器不会运行它。注释能帮助程序的阅读者理解程序，并为后续的测试和维护提供明确的指导信息。注释是说明代码做什么的，而不是说明代码怎么做的。从用途上分，注释可以分为序言性注释和功能性注释。

序言性注释通常位于程序或模块的开始部分，它给出了程序或模块的整体说明，这种描述不包括运行过程的细节（它是怎么做的），因为随着调试或其他原因，具体实现细节可能会被更新。

功能性注释主要描述某个语句或程序段做什么，运行该语句或程序段会怎么样，而不解释怎么做。只有复杂的运行细节才需要嵌入注释，描述其实现方法。为了避免注释与代码本身重复，不要用注释的形式把语句翻译成自然语言。

根据注释符的不同，Python 有两种注释，即单行注释和多行注释。

2.3.1　单行注释

以 "#" 开头的字符直至本行末尾都是注释，所以又称为行注释。如果注释的文字有多行，需要在每一行的开头都写上 "#"。本章前面的所有示例使用的都是这种注释，它一般用于对某条语句或某个变量进行注释，以及文字不多的注释。

大多数用户在编写注释时，会将对代码的注释放在其上方或右侧，不会放在下方。对数据结构的注释一般放在其上方，也不会放在下方。对变量、常量的注释也一般放在其上方或右侧。本书中的所有注释都遵循这个习惯。

一般情况下，注释需要解释该行语句的作用，而不是简单地解释该语句的语法功能，例如：

```
sum=0.0        #sum 赋值为 0
sum=0.0        #累加器清零
```

第一种注释是无效的注释，因为语句本身就是这个意思（当然，这种注释如果出现在教材中是合理的，因为读者未必知道这条语句的语法功能）。第二种注释则突出了 sum 是作为累加器使用的，这是更有意义的注释。

2.3.2　多行注释

多行注释也称为块注释或文档注释，它一般出现在程序或模块的前面，以解释其功能和用法。多行注释可以由多个单行注释拼接而成，但更一般的情况是使用专门的多行注释符：以 3 个单引号或 3 个双引号开始，并以 3 个单引号或 3 个双引号结束。请看下面的例子。

```
'''
函数功能：求 1+1/2+1/3+…+1/n
输入参数：一个正整数 n
返回值：以字符串形式表示的和，保留 4 位小数
出错：返回字符串 Error
```

```
版本：1.0
完成日期：2022-08-19
"""
```

3 个单引号或 3 个双引号还可以作为多行字符串的界定符，本书后面的章节会介绍其用法。

2.4 简单输入输出

正常情况下，任何一个程序都需要从外部获得数据，处理完成后将结果返回给外部使用者。程序从外部获得数据的过程称为输入，将结果返回的过程称为输出。此处的输入和输出都是广义的，数据输入的来源可以是键盘、鼠标、磁盘文件、网络等，输出的对象可以是屏幕、打印机、磁盘文件、网络等。

本节介绍的输入和输出都是狭义的，是最常用的输入和输出操作。本节中的输入仅仅指从键盘输入，输出仅仅指输出到屏幕，使用的函数分别是 input() 和 print()。

2.4.1 input() 函数

一个程序如果需要接收从控制台输入的数据，就需要用到 input() 函数，这是一个内置函数，可以直接使用，它的一般形式是：

```
str=input("tipmsg")
```

括号中的字符串 tipmsg 表示提示信息，它会显示在控制台上，告诉用户应该输入什么样的内容。如果不写，就不会有任何提示信息。

input() 函数会将用户输入的数据以字符串形式返回，如果是上面这种形式，会赋值给左边的变量 str，这时 str 也成为了一个字符串变量。下面演示 input() 函数的使用方法。

```
>>>str=input("please input a string:")
please input a string: hello, world
>>>str
'hello, world'
>>>num=input("please input a integer:")
please input a integer: 123
>>>num
'123'
>>>type(num)
<class 'str'>
```

第一次输入的是字符串，程序运行没有问题。第二次希望输入一个整数，当用户输入 123 之后，在变量 num 中保存的却是字符串 "123"，通过 type() 函数可以看出，这时 num 是字符串（str）类型。这是因为 input() 函数将所有输入的数据以字符串形式返回。如果想得到一个整数或浮点数，用户需要调用 int() 或 float() 函数将字符串转换成自己想要的类型，例如：

```
>>>num=int(input("please input a integer: "))
please input a integer: 123
```

```
>>>num
123
>>>type(num)
<class 'int'>
>>>fnum=float(input("please input a float: "))
please input a float: 123.456
>>>fnum
123.456
>>>type(fnum)
<class 'float'>
```

有时，用户需要输入两个或更多数据。例如，输入两个整数并求和，一种方法是多次调用 input()函数，每个函数返回一个整数然后求和，示例如下。

【例2-4】求两个整数之和（方法一）

```
a=int(input("please input first number: "))
b=int(input("please input second number: "))
print(a+b)
```

运行情况如下。

```
please input first number: 100
please input second number: 200
300
```

这种方法一行只能输入一个数据。如果想在一行中输入两个数据，则只能用一个input()函数，这时两个数据被放在一个字符串中，中间用空格分隔，程序再根据空格将其切分成两个子串，然后分别转换成相应的数据类型。这里需要用到split()函数，默认情况下，它可以根据空格将字符串切分为多个子串。

【例2-5】求两个整数之和（方法二）

```
a,b=input("please input two numbers: ").split()
print(int(a)+int(b))
```

运行情况如下。

```
please input two numbers: 123 456
579
```

这里特别要注意，用split()函数切分得到的仍然是字符串，所以相加时还需要用int()函数将a和b转换为整数才能得到正确的结果。

如果输入项更多，分别转换就显得比较烦琐。Python提供了一种更简洁的方案：利用内置函数 map()一次性实现所有输入项的转换。

【例2-6】求两个整数之和（方法三）

```
a,b=map(int,input("please input two numbers: ").split())
print(a+b)
```

map()函数的第一个参数int表示将第二个参数中的所有数据传递给int()函数进行运算，也就是转换为整数；如果要转换为浮点数，第一个参数应该是float。map()函数的其他使用方法将在后面进行介绍。

在以上几个示例程序中，input()函数提供了提示字符串，这是一种良好的编程习惯。程序在运行过程中，如果需要用户输入数据，应该给出明确的提示。但是请注意，这些提示字符串只显示给用户看，并不对程序的输入数据产生实际影响。例如 input("please input two numbers: ")，如果用户输入的并不是两个数，而是两个字符串或一个数，input()函数并不能正确处理这种情况，程序会运行出错。

input()函数中的提示信息并不是必须要写的，例如 str=input()也是可以运行的，只是屏幕上没有提示，用户需要预先知道输入什么样的数据。在某些特殊场合下，我们需要使用无提示信息的 input()函数。例如，现在比较流行的在线评测系统（Online Judge，OJ）会在后台自动运行用户提交的代码，系统会模拟用户输入数据。由于输入数据的格式是预先定义好的，而且也没有人观看，所以提示信息没有必要存在。而且，由于 input()函数会将提示信息输出在控制台中，而后台的判题系统会根据程序的输出信息来判断程序是否运行正确，因此提示信息完全是多余的，会干扰系统的判断，导致正确的代码被判断为错误代码。所以在在线评测系统中编写的所有代码一定不能有提示信息，例 2-6 中的代码应该改成以下形式。

【例2-7】求两个整数之和（OJ版）

```
a,b=map(int,input().split())
print(a+b)
```

2.4.2 print()函数和格式控制

当程序需要将提示信息或运算结果输出时，需要用到内置函数 print()。最简单的 print()函数的使用方法是 print("提示字符串")，但实际上 print()函数可以有多个参数，完整的形式如下。

```
print(*objects, sep=' ', end='\n', file=sys.stdout, flush=False)
```

参数的含义如下。

- objects：输出对象。
- sep：用来间隔多个输出项，默认值是一个空格。
- end：用来设定以什么结尾。默认值是换行符（\n），也可以换成其他字符串。
- file：用来设定要输出的文件对象，默认输出到控制台。
- flush：用来设定输出项是否被缓存，如果 flush 关键字的参数为 True，输出流会被强制刷新。

file 参数和 flush 参数很少用到，初学者可以忽略它们，本节着重介绍其他三个参数的使用方法。

先来看看只有输出对象的情况。

```
>>>print("one","two","three")              #三个输出对象
one two three                               #输出项之间用空格分隔
```

这个例子输出了三个字符串（也就是三个输出项），由于没有指定分隔符，所以这些输出项用空格分隔。如果要改变分隔符，可以用 sep 参数指定。下面这个例子是用逗号分隔的。

```
>>>print("one","two","three",sep=",")      #sep 参数指定输出项之间用逗号分隔
one,two,three
```

在默认情况下，每一条print()函数运行完毕后，会自动在末尾加上一个换行符。

【例2-8】输出两行

```
print("first line")                              #输出完毕后会自动换行
print("second line")
```

运行结果如下。

```
first line
second line
```

如果想在一行中输出多条语句，可以修改end参数的值。

【例2-9】在一行中输出多条语句

```
print("first line", end=' ')                     #去掉了末尾的换行符，变成了空格，因此不会换行
print("first line")
```

运行结果如下。

```
first line first line
```

下面介绍objects参数的使用方法，这是一个功能强大的参数，可以将任何合法的数据对象输出。

【例2-10】输出各种类型的数据

```
>>>print("good")              #输出字符串
good
>>>print(100)                 #输出数字
100
>>>str='good'
>>>print(str)                 #输出变量
good
>>>L=[1,2,'a']                #输出列表
>>>print(L)
[1, 2, 'a']
>>>t=(1,2,'a')                #输出元组
>>>print(t)
(1, 2, 'a')
>>>d={'a':1, 'b':2}           #输出字典
>>>print(d)
{'a': 1, 'b': 2}
```

很多情况下，程序需要一次性输出多种类型数据的混合信息，例如有两个变量a和b，要以等式的形式输出它们相加的结果。例如a=3、b=5，要输出"3+5=8"，就需要用到格式控制功能。

Python 3.x提供了至少三种格式控制输出方法，其中一种传统的方法类似于C语言中的printf()函数，使用"%"引导的格式控制符来控制输出格式，先看下面这个例子。

【例2-11】用格式控制符输出等式

```
>>>a=3
>>>b=5
```

```
>>>print("%d+%d=%d" % (a,b,a+b))
3+5=8
```

输出函数 print()中的参数部分采用了下面的格式。

```
"格式控制字符串" % (输出项1,输出项2,…,输出项n)
```

在例2-11中,三个输出项分别是a、b、a+b,它们之间用逗号分隔,组成一个元组。格式控制字符串需要三个以"%"开头的控制符分别控制这三个输出项的格式。由于这三个输出项均是整数,所以控制符均是"%d"。在格式控制字符串中,除了控制符和转义字符,其他所有字符均以原样输出,例如"+"和"="。

"%d"用于输出整数,如果是其他类型的数据,则需要在"%"后面加上其他控制符,如表2-1所示。

表2-1 控制符

符号	功能	符号	功能
%c	格式化字符及其ASCII编码	%f	格式化浮点数,可指定小数点后的精度
%s	格式化字符串	%e	用科学记数法格式化浮点数
%d	格式化整数	%E	作用同%e,用科学记数法格式化浮点数
%u	格式化无符号整数	%g	%f和%e的简写
%o	格式化无符号八进制数	%G	%f和%E的简写
%x	格式化无符号十六进制数	%X	格式化无符号十六进制数(大写)

除了需要控制数据类型,有时还需要控制输出项的宽度、对齐方式等,这需要用到辅助控制符,如表2-2所示。

表2-2 辅助控制符

符号	功能	符号	功能
*	定义宽度或小数点精度	0	在显示的数字前面填充"0"
-	输出时左对齐	%	输出"%"
+	在正数前面显示"+"		
#	在八进制数前面显示"0"	m.n	m是宽度,n是小数点后的位数(精度)
	在十六进制数前面显示"0x"或"0X"		

【例2-12】格式化输出

```
>>>pi=3.141592653
>>>print('%10.3f' % pi)
3.142
>>>print("pi=%.*f" % (3,pi))          #用"*"从后面的元组中读取字段宽度或精度
pi=3.142
>>>print('%010.3f' % pi)              #在数字前面填充"0"
000003.142
>>>print('%-10.3f' % pi)              #左对齐
```

```
3.142
>>>print('%+f' % pi)                          #显示正号
+3.141593
>>>a=123
>>>print('a=%4d, a=%04x, a=%04o'% (a,a,a))    #分别以10进制数、16进制数和8进制数输出a的值
a= 123, a=007b, a=0173
```

用"%"引导的格式控制符功能很强大，但是格式控制符和输出项是分离的，又必须一一对应，不太符合人们的日常思维习惯，对于初学者来说并不友好。因此从 Python 3.6 开始，系统提供了一种新方法，即以"f"或"F"为前缀的格式化字符串，英文名称是 f-string，也叫作字面量格式化字符串，格式如下。

```
f"字面文本{输出项:格式控制}"
```

【例2-13】格式化字符串

```
>>>name="zhangsan"
>>>print(f'my name is: {name}')               #替换变量
my name is: zhangsan
>>>print(f'left align: "{name:<16}"')         #占16位，左对齐
left align: "zhangsan        "
>>>print(f'right align: "{name:>16}"')        #占16位，右对齐
right align: "        zhangsan"
>>>print(f'center align: "{name:^16}"')       #占16位，居中对齐
center align: "    zhangsan    "
>>>r=3.0
>>>pi=3.1415926
>>>print(f'area is:{r*r*pi:.4f}')             #浮点数，小数点后有4位
area is:28.2743
>>>x=2
>>>print(f'{x**x:4}')                         #整数，占4位，注意这里可以省略类型符"d"
   4
>>>print(f'{x**x:+4}')                        #输出前加"+"
  +4
>>>age=20
>>>print(f"my name is {name}, I am {age} years old")   #多个输出项
my name is zhangsan, I am 20 years old
```

从上面的例子来看，f-string 方法比传统输出方法简洁、易懂得多，所以推荐读者使用这种方法。

除了上面这两种输出方法，Python 还提供了 format() 方法来将变量格式化成字符串输出，基本格式如下。

```
<模板字符串>.format(<参数列表>)
```

模板字符串也是由字符串和"{}"组成的，但是"{}"中没有输出项，只有格式控制符（与f-string方法的格式控制符一致）；输出项要放在format()方法的参数列表中（从这一点来看，它类似于"%"引导的格式控制符）。

【例2-14】使用format()方法格式化字符串

```
>>>age=20
>>>name="zhangsan"
>>>print("my name is {}, I am{:^5}years old".format(name,age))
my name is zhangsan, I am 20 years old
```

📖 由于format()方法使用起来比较烦琐，所以大多数用户选择使用f-string方法，本书也使用f-string方法。

2.5 数据类型

尽管Python是动态语言，但它是强类型语言，也就是说，程序中的数据不需要显式地声明类型，但参与运算时是有确定类型的，其类型由存储在其中的值的类型决定。Python提供的数据类型可以分为4类，分别是数值类型、序列类型、集合类型和字典类型。本节简单介绍这些数据类型。

2.5.1 变量和常量

计算机程序可以处理的数据必须以某种形式存储在内存中。在Python中，数据只有两种存储形式：常量和变量。常量的值是固定的，在程序运行期间不会改变。数字123、字符 "k"、字符串 "hello"、集合{1，2，3}、元组（4，5，6）、列表[7，8，9]、字典{name："zhangsang"，age：20}都是常量，而且它们都有一个特点：数据的值和类型可以从字面上看出来，所以又叫**字面常量**或**字面值**。

数据存储的另一种形式是变量，每个变量都有一个唯一的名字，称为用户自定义标识符。变量与常量不同，其内部存储的值是可以变化的，例如变量name的值既可以是 "zhangsan"，也可以是 "lisi"。而且变量本身并没有数据类型，它的类型是由存储在其中的值的类型决定的。例如，如果变量a存储的是 "hello"，那么a是字符串类型；如果存储的是123，那么它是数值类型。在Python中，不仅变量的值可以变，其数据类型也可以变，这是它和其他静态语言的重要区别。

Python是如何做到这一点的呢？其他静态语言在使用变量前需要先声明变量的名称和类型，系统根据这个声明来为变量分配固定的空间。Python则不同，除了列表、集合和字典，其他变量不会占据固定的空间。它的变量不需要声明，在第一次赋值时才会出现，相当于为某个值贴上了一个"标签"，改变其值时，又将这个"标签"贴到了其他值上。因此，Python中的变量不仅值可以变，数据类型也可以变化。

2.5.2 数值类型

1. 整数

Python中的整数就是数学中的整数，没有小数部分，包括正整数、负整数和零。整数的一个重要属性是进制，同样是数字123，当它分别是十进制数和十六进制数时，所表示的数值大小是完全不同的。

计算机内部只能处理二进制数。为了照顾用户的思维习惯，Python 提供了四种不同的进制来表示整数，分别是二进制、八进制、十进制和十六进制。这又带来另外一个问题：碰到数字 123 时，如何确认它的进制呢？Python 规定，如果是二进制数，必须以"0B"或"0b"作为前缀，例如 0b1101 或-0B1010；如果是八进制数，只能以"0O"或"0o"作为前缀，例如 0o123 或-0O456；如果是十进制数，只能以数字 0～9 开头，例如 123 或-456；如果是十六进制数，则只能以"0X"或"0x"作为前缀，例如 0x15F 或-0Xabc，如表 2-3 所示。

表 2-3　四种不同的进制

进制	正负号	前缀	后续字符
二进制	+、-	0B、0b	数字 0、1
八进制	+、-	0O、0o	数字 0、1、2、3、4、5、6、7
十进制	+、-	无	数字 0、1、2、3、4、5、6、7、8、9
十六进制	+、-	0X、0x	数字 0～9；字母 A～F（或 a～f），其中 A 表示 10，F 表示 15

注意：只有常量才有"XX 进制"这种说法，变量是没有"XX 进制"这种说法的。因为变量的值存储在内存中，只可能是二进制；常量是字面型的数据，需要跟人"打交道"，所以才会用"XX 进制"描述它。

进制转换是很常见的工作，为了简化用户的工作，Python 提供了一系列方法来进行进制转换，下面的例子演示了这些方法。

【例 2-15】进制转换

```
num=int(input("请输入一个十进制整数:"))
#利用格式控制符进行进制转换
print(f"二进制：{num:b}，八进制：{num:o}，十进制：{num:d}，十六进制：{num:x}")
#利用函数进行进制转换
print(f"二进制：{bin(num)}，八进制：{oct(num)}，十进制：{int(num)}，十六进制：{hex(num)}")
#指定输入的整数为十六进制数
num=int(input("请输入一个十六进制整数:"), 16)
print(f"二进制：{num:b}，八进制：{num:o}，十进制：{num:d}，十六进制：{num:x}")
```

某一次运行的情况如下。

```
请输入一个十进制整数:123
二进制：1111011, 八进制：173, 十进制：123, 十六进制：7b
二进制：0b1111011, 八进制：0o173, 十进制：123, 十六进制：0x7b
请输入一个十六进制整数:1AF
二进制：110101111, 八进制：657, 十进制：431, 十六进制：1af
```

我们可以看到，采用函数转换时，其结果都是带有前缀的字符串。再次强调一下，不管输入的是几进制的数据，存放在 num 里的数据一定是二进制形式的。

还有一点，Python 中的整数与其他静态语言不同，它的数值大小几乎是无限的（只受限于内存的大小），例如：

```
>>>import math
>>>math.factorial(100)
93326215443944152681699238856266700490715968264381621468592963895217599993229915608941463976156518286253697920827223758251185210916864000000000000000000000000
```

程序正确输出了100的阶乘，这是一个非常大的数据，如果是C语言或Java，它们原生的整数无法存放这么大的数据，会发生溢出。Python还允许在数字中间插入下画线进行分割，以便于阅读，例如123_456_789，它表示的就是数字123456789。

2. 浮点数

浮点数用来表示数学中的小数，例如12.34、12.0、12.、0.3、.34。Python中的浮点数都是双精度浮点数，采用IEEE 754标准存储，一个数据占据8个字节，因此它能存储的数据大小和精度都是有限的。一个浮点数能存储的数据范围是$-1.8\times10^{308}\sim1.8\times10^{308}$，这虽然也是一个很大的范围，但是仍然有可能会溢出。另外，一个浮点数的精度也是有限的，只能表示15～16个有效位，换言之，如果表示一个小数，最多能精确到小数点后16位。

由于浮点数的精度有限，而且很多十进制数的有限小数用二进制数表示其实是无限小数，所以浮点数在表示数据时可能会有微小的误差，这一点在编程时要特别注意，例如：

```
>>>a=1.23456
>>>b=2.34567
>>>a*b
2.8958703552000005
```

正因为有这种误差，判断两个浮点数是否相等时往往不直接采用"=="进行比较，而是比较两个浮点数的差值是否足够接近于零（即差值的绝对值是否小于一个很小的正数，例如1.0×10^{-7}）。

Python中的浮点数还可以采用科学记数法的方式表示，例如1.23×10^4可以表示为1.23E4或1.23e4，-1.23×10^{-4}可以表示为-1.23E-4。

3. 复数

Python支持复数，它的复数与数学中的复数是完全一致的，也由实部和虚部两部分构成。

复数一般写成"实部+虚部j"的形式，注意字母"j"不可缺少，因为它表示了虚部，也可以写成"J"。另外，也可以用函数complex(real,imag)来生成复数，下面的例子简单演示了复数的使用方法。

【例2-16】复数的使用方法

```
>>>a=complex(3,4)        #创建一个复数
>>>a
(3+4j)
>>>b=8-3j                #创建一个复数
>>>b
(8-3j)
>>>a.real                #求实部
3.0
>>>b.imag                #求虚部
```

```
-3.0
>>>a*b                      #复数运算
(36+23j)
>>>abs(a)                   #求复数的模
5.0
```

从例 2-16 中可以看出，不管怎么赋值，复数的实部和虚部一定会保存为一个浮点数。有关复数的运算，本书不再过多介绍，读者如有需要可以自行参考官方文档。

  📖 严格来说，Python 中并不存在复数字面值，因为任何一个复数都是由实部和虚部构成的，其中实部字面值就是浮点数字面值，所以 Python 中其实只有虚部字面值。以此类推，整数字面值其实也只有数字部分，例如 "−3" 其实是由一元运算符 "−" 和字面值 3 合成的。

4. 布尔类型

在数学中，我们经常使用"真"或"假"来判断一个命题是否成立，例如 $a=3$、$b=4$，那么 "a 大于 b" 这个命题就是假命题。Python 专门提供了一种叫作布尔类型（bool）的数据来描述一个命题是真还是假。

在 Python 中，布尔类型是整数类型的一个子类，它只有两个值：True 和 False，True 表示命题成立，False 表示命题不成立。在算术运算中，布尔类型的数据也可以充当整数类型的数据，这时 True 的值是 1，False 的值是 0。反过来，在条件判断表达式中，整数类型的数据也可以充当布尔类型的数据，这时 0 表示 False，非 0 值表示 True。

【例 2-17】布尔类型的使用方法

```
>>>a=4
>>>b=3
>>>type(a>b)                #关系运算的结果是布尔类型
<class 'bool'>
>>>a>b                      #当表达式成立时，其值为 True
True
>>>a<b                      #当表达式不成立时，其值为 False
False
>>>issubclass(bool, int)    #布尔类型是整数类型的子类
True
>>>True==1                  #True 的值是 1
True
>>>False==0                 #False 的值是 0
True
>>>True==2                  #True 的值不是 2
False
>>>True+10                  #True 以 1 参与加法运算
11
>>>False+10                 #False 以 0 参与加法运算
10
>>>True>False               #以整数进行关系运算
```

```
True
```

布尔类型的数据还可以进行逻辑运算，这点将在后面进行介绍。

5. 类型转换

各种类型之间是可以互相转换的，常用的方法是利用 Python 提供的内置函数 int()、float() 等进行转换，请看下面的示例。

【例2-18】类型转换

```
>>>f=2.718
>>>int(f)                    #浮点数转换成整数
2
>>>k=100
>>>float(k)                  #整数转换成浮点数
100.0
>>>complex(k)                #整数转换成复数
(100+0j)
>>>str(k)                    #整数转换成字符串
'100'
>>>str(f)                    #浮点数转换成字符串
'2.718'
>>>int('123')                #字符串转换成整数
123
>>>float('123.456')          #字符串转换成浮点数
123.456
>>>bool(123)                 #整数转换为布尔类型
True
>>>int(True)                 #布尔类型转换为整数
1
```

在例2-18中，有一点需要注意，就是将一个字符串转换为数值类型时，这个字符串必须是可以转换的类型，如果字符串本身无法转换成对应的数值类型，就会报错。例如int("abc")、int("123.456")、float("abc")都会导致运行错误。

当我们无法提前知道字符串可转换为什么类型时，可以使用eval()函数进行转换，它不仅可以自动判断可转换的类型，还具有运算功能，能进行简单的四则运算。请看下面的例子。

【例2-19】eval()函数的使用方法

```
>>>k=eval("123")             #自动将字符串转换成整数
>>>type(k)
<class 'int'>
>>>f=eval("123.45")          #自动将字符串转换成浮点数
>>>type(f)
<class 'float'>
>>>s=eval("123*4.56")        #计算常量表达式的值
>>>s
560.88
>>>ss=eval(f"{f}*{k}")       #利用格式化字符串计算变量表达式的值
```

```
>>>ss
15184.35
```

2.5.3　序列类型

1. 字符串

字符串是最常用的序列类型之一，它是一些字符的有序集合。前面的章节中已经多次出现了字符串，这些字符串用双引号或单引号包围起来。双引号和单引号称为界定符，本身并不属于字符串。另外，如果字符串有多行，可以用三个单引号或三个双引号包围起来。

【例2-20】字符串类型

```
>>>s1="I'm a boy"                          #双引号作为界定符时，字符串内部可以有单引号
>>>s2=' he said: "nice to meet you"'       #单引号作为界定符时，字符串内部可以有双引号
>>>s3='''                                   #多行字符串
first line
second line
'''
>>>print(s1)
I'm a boy
>>>print(s1+s2+s3)                         #字符串可以拼接
I'm a boy he said: "nice to meet you"
first line
second line
>>>print(len(s1))                          #求字符串长度
9
>>>str(123)                                #将整数转换成字符串
'123'
```

Python 为处理字符串提供了大量方法，将在后面的章节中详细介绍。

在例2-20 中，字符串中的字符都是普通的可见字符。有时需要在字符串中放置一些不可见或无法通过键盘输入的特殊字符，就需要使用转义序列。转义序列是以"\"开头的特殊字符，常用的转义字符如表2-4所示。

表 2-4　常用的转义字符

转义字符	意　义	转义字符	意　义
\	续行符（在行尾时）	\n	换行符
\\	反斜杠符号	\r	回车符
\'	单引号	\v	纵向制表符
\"	双引号	\t	横向制表符
\a	响铃	\other	其他字符以普通格式输出
\b	退格	\oyy	八进制数yy代表的字符
\000	空字符	\xyy	十六进制数yy代表的字符
\f	换页	...	

这些转义字符都可以在字符串中使用，例如：

```
>>>print(" first line\n second line")          #\n 表示换行
first line
second line
```

2．元组

元组是用小括号包围起来的一系列有序数据，元组只能一次性创建，创建之后不可进行修改。元组的创建方法很简单，只需要在括号中添加元素，并用逗号隔开即可。也可以用 tuple() 函数创建。另外，元组中的数据可以是不同类型的。

【例 2-21】元组的使用

```
>>>tup1=(1,2,3,4)                               #用小括号创建元组
>>>tup2=("one","two",3,4)                       #创建异构的元组
>>>tup3=tuple("good morning")                   #用字符串创建元组
>>>tup3
('g', 'o', 'o', 'd', ' ', 'm', 'o', 'r', 'n', 'i', 'n', 'g')
>>>tup1+tup2                                     #组合两个元组
(1, 2, 3, 4, 'one', 'two', 3, 4)
>>>tup3[0]                                       #使用元组中的元素
'g'
```

3．列表

列表是用中括号包围起来的一系列有序数据，它与元组的创建方式差不多，不同之处在于它的内部元素是可变的，即创建完成之后可以对其中的数据进行增加、删除、修改操作。列表中的元素也可以是不同类型的。

【例 2-22】列表的使用

```
>>>lt1=[1,2,3,4]                                #用中括号创建列表
>>>lt2=["one","two",3,4]                         #创建异构的列表
>>>lt3=list("good morning")                     #用字符串创建列表
>>>lt3
['g', 'o', 'o', 'd', ' ', 'm', 'o', 'r', 'n', 'i', 'n', 'g']
>>>lt1[0]                                        #使用列表中的元素
1
>>>lt2.append(5)                                 #向列表中增加元素
>>>lt2
['one', 'two', 3, 4, 5]
>>>lt2[0]='zero'                                 #修改列表中的元素
>>>lt2
['zero', 'two', 3, 4, 5]
>>>lt2.remove('two')                             #删除列表中的元素
>>>lt2
['zero', 3, 4, 5]
>>>lt1[1:3]                                       #切片
[2, 3]
```

关于序列类型的操作还有很多，本书将在后面的章节中详细介绍。

2.5.4　集合类型

集合是若干数据的无序集。相对于序列类型而言，集合类型更简单。Python 中的集合类型有两种，一种是 set，这是可变集合，集合中的数据可以动态地增减；另一种是 frozenset，它是不可变集合，内部的数据不可增减。很明显，set 的功能更强，适用范围也更广。只有在需要更快的处理速度而且数据不会变化的情况下，才使用 frozenset。与数学中的集合一样，Python 中的集合不允许元素重复出现，也支持集合的交、并、补等基本操作。

【例 2-23】集合的使用

```
>>>setA=set()                    #创建一个空集合
>>>setA
set()
>>>setA.add('good')              #向集合中插入一个元素
>>>setA
{'good'}
>>>setB={'one','two','three'}    #创建一个普通集合
>>>setB
{'three', 'one', 'two'}
>>>setC={1,2,3,4,1,2,5}          #创建一个数字集合
>>>setC                          #重复元素被自动删除
{1, 2, 3, 4, 5}
>>>setB.remove('one')            #从集合中删除一个元素
>>>setB
{'three', 'two'}
>>>setB.union(setC)              #求两个集合的并集，注意setB自身并没有改变
{1, 2, 'three', 3, 4, 'two', 5}
>>>setB
{'three', 'two'}
```

关于集合的更多操作，将在后面的章节中详细介绍。

2.5.5　字典类型

"字典类型"这个名称来自日常生活中的字典，它是由键值对组成的集合。键是唯一的，每个键都有对应的值，这就类似于字典中的每个条目都有对应的解释说明。可以想象，集合是一种"退化"的字典，它的所有值都是空值。

Python 中的字典用关键字 dict 表示，它与集合一样，也是可变类型，但数据元素是无序的。字典由 "{}" 包围，内部元素用逗号隔开，键与值之间用冒号分隔，典型的字典形式为：

```
d={key1:value1, key2:value2, key3:value3}
```

其中的键只能是不可变类型（例如整数、浮点数等），不能是可变类型（例如列表、集合等）；值可以是任意类型，也可以重复。

【例2-24】字典的使用

```
>>>emptyDict1={}                                          #创建空字典
>>>emptyDict1
{}
>>>emptyDict2=dict()                                      #创建空字典
>>>emptyDict2
{}
>>>stu={'name':'xiaowang', 'age':18, 'gender': 'male'}    #创建普通字典
>>>stu
{'name': 'xiaowang', 'age': 18, 'gender': 'male'}
>>>stu['age']                                             #访问字典中的某个元素
18
>>>stu['address']='hunan'                                 #增加元素
>>>stu
{'name': 'xiaowang', 'age': 18, 'gender': 'male', 'address': 'hunan'}
>>>stu.keys()                                             #获得字典中的所有键
dict_keys(['name', 'age', 'gender', 'address'])
>>>stu.items()                                            #以元组形式获得字典中的所有元素
dict_items([('name', 'xiaowang'), ('age', 18), ('gender', 'male'), ('address', 'hunan')])
>>>stu.pop('gender')                                      #删除字典中的某个元素
'male'
>>>stu
{'name': 'xiaowang', 'age': 18, 'address': 'hunan'}
>>>stu.values()                                           #获得字典中的所有值
dict_values(['xiaowang', 18, 'hunan'])
```

关于字典的更多操作，将在后面的章节中详细介绍。

2.6　运算符

运算符是程序设计语言中用于操作各种数据的符号。运算符和它所处理的数据（也叫作操作数、运算数）一起构成了各种表达式。Python 中的运算符包括数学运算符、关系运算符等。不同运算符有不同的运算优先级，人们往往把一个表达式中按优先级计算的最后一个运算符的种类作为这个表达式的名称。例如一个表达式中最后计算的运算符是逻辑运算符，那么这个表达式就称为逻辑表达式。

2.6.1　数学运算符

Python 中用来进行数学运算的符号叫数学运算符，也称为算术运算符。它们的使用规则与数学中的使用规则基本相同，但也有一些区别。Python 中的数学运算符如表 2-5 所示。

表 2-5　Python 中的数学运算符

运算符	功能描述	示例	运算结果	补充说明
+	加法	12.45 + 10	22.45	如果两侧数据类型不一致，结果类型与精度高的一致
-	减法	5.3-2	2.3	如果两侧数据类型不一致，结果类型与精度高的一致
*	乘法	2.31*12	27.72	如果两侧数据类型不一致，结果类型与精度高的一致
/	除法	12/3	4.0	结果一定是浮点数
//	整除	12//5	2	结果一定是整数
%	取余（取模）	15%6	3	可对负数求余数
**	幂运算	3**3	27	指数可以为小数

1. 加法运算符和减法运算符

加法运算符是"+"，减法运算符是"-"。它们的用法和数学中的用法一样，例如3+5、5-2。它们的左右两侧均有数据，所以称为双目运算符。它们的一般形式是：

```
<exp1>+<exp2>
<exp1>-<exp2>
```

"+"的两侧也可以是字符串，它会把两个字符串拼接起来形成一个新字符串，例如"Hello"+"world"会得到"Helloworld"。

下面我们通过一些例子来说明它们的使用方法。

【例2-25】加法运算符和减法运算符的使用

```
>>>12+13              #两个整数相加得到整数
25
>>>12.3+15            #浮点数与整数相加得到浮点数
27.3
>>>12-16             #两个整数相减得到整数
-4
>>>12-15.6           #浮点数与整数相减得到浮点数
-3.5999999999999996
>>>"hello"+" world"   #两个字符串相加会将两个字符串拼接起来
'hello world'
>>>True+2            #布尔类型与整数相加，先将布尔类型转换成1或0再运算
3
```

2. 正值运算符和负值运算符

正值运算符是"+"，负值运算符是"-"。它们的用法和数学中的用法也是一样的，例如-5、-a、+2、+a，只有运算符右侧有数据，所以它们称为单目运算符。还要注意的是，这两个运算符都不能改变操作数本身的值。例如a=1，进行-a操作后，a仍然等于1，不会变成-1。它们的一般形式是：

```
+<exp>
-<exp>
```

3. 乘法运算符和除法运算符

乘法运算符是"*"，除法运算符是"/"和"//"，取余运算的运算符是"%"，幂运算的运算符是"**"。它们都是双目运算符，和数学中的用法相同，例如5.2*3.1、5/3、5.0/3.0。它们的一般形式是：

```
<exp1>*<exp2>
<exp1>/<exp2>
<exp1>//<exp2>
<exp1>%<exp2>
<exp1>**<exp2>
```

特别要注意运算符"/"和"//"的区别，前者是精确除法，得到的是一个浮点数（哪怕可以整除）；后者是整除，结果一定是一个整数。

"%"运算符允许操作数是负数，运算结果的符号与除数一致。

"*"运算符还可以用于字符串与整数的相乘，结果是把字符串重复若干次。

【例2-26】乘法运算符和除法运算符的使用

```
>>>12*3.1          #整数与浮点数相乘得到浮点数
37.2
>>>3*"hello"       #整数与字符串相乘，得到n个字符串拼接的结果
'hellohellohello'
>>>12/3            #精确相除，结果一定是浮点数
4.0
>>>12//5           #整除，结果一定是整数
2
>>>12%5            #正整数取余，结果为正整数
2
>>>-12%-5          #结果为负整数
-2
>>>12%-5           #结果为负整数
-3
>>>-12%5           #结果为正整数
3
>>>5**2            #求平方
25
>>>4**0.5          #求平方根，结果为浮点数
2.0
```

"//"和"%"运算符也可以用于浮点数的整除和取余，但是其结果很难理解，这里不进行介绍。

2.6.2 关系运算符

关系运算符能决定操作数之间的逻辑关系。例如两个运算对象相等还是不相等，数据a是

否比数据 b 大。用关系运算符连接起来的表达式称为关系表达式，所有关系表达式的值都是布尔类型，也就是只有 True 和 False 两个值。

1. 相等运算符

Python 中的相等运算符是两个连续的等号（==），它是一个双目运算符。它的一般形式是：

```
<exp1>==<exp2>
```

它两侧的操作数可以是相同或相容类型的数据或表达式，例如：

```
5==3              #结果为False
(2*3)==4+2        #结果为True
True==True        #结果为True
```

如果"=="两侧的值相等（例如 2+4==6），则返回 True，可以直观地理解为等式成立；如果不相等（例如 5==3），则返回 False，表示等式不成立。

尽管"=="两侧的操作数可以是浮点数，但由于浮点数往往不能精确表示，一般不会用"=="来判断浮点数是否相等。

2. 不相等运算符

Python 中的不相等运算符是"!="，它是一个双目运算符。它的一般形式是：

```
<exp1>!=<exp2>
```

"!="两侧的操作数可以是相同或相容类型的数据或表达式，例如：

```
5!=3              #结果为True
(2*3)!=4+2        #结果为False
True!=False       #结果为True
```

如果"!="两侧的值相等（例如 2+4!=6），则返回 False；如果不相等（例如 5!=3），则返回 True。

3. 大小关系运算符

Python 中的大小关系运算符有">""<"">=""<="。它们都是双目运算符，一般形式是：

```
<exp1><大小关系运算符><exp2>
```

这些关系运算符的运算规则和数学中的规则完全相同。操作数的类型只能是整数或浮点数。若关系成立则返回 True，否则返回 False。

如果参与运算的数据类型不同，则自动进行类型转换。

4. 身份运算符

在 Python 中，除了"=="和"!="可以判断数据的相等关系，还有两个运算符"is"和"is not"可以用于相等关系的判断。当两个数据相等时，"is"得到的结果为 True，"is not"则相反。不过，"is"运算符不是通过比较两个数据的值来得到结果的，而是通过比较两个数据的存储单元是否相同来得到结果的。显然"is"的判断比"=="更严格，因为数据的值相等时，它们的存储单元未必相同。所以"is"和"is not"也称为**身份运算符**。

【例2-27】is运算符的使用

```
>>>a=3
>>>b=4
>>>a is b                              #输出 False
False
>>>b=3
>>>a is b                              #输出 True
True
>>>import time                         #引入 time 库
>>>t1=time.gmtime()                    #gmtime()函数用来获取当前时间
>>>t2=time.gmtime()
>>>print(f"id(t1)={id(t1)}, id(t2)={id(t2)}")
id(t1)=50166504, id(t2)=50166368
>>>print(t1 == t2)                     #判断t1和t2的时间是否相同
True
>>>print(t1 is t2)                     #判断t1和t2是否为同一个对象
False
```

通过例2-27可以看出，t1和t2的值是相同的，但是由于它们是两个不同的对象，其id值不同，导致最后一次判断的结果为False。从这里可以看出，表达式"a is b"本质上相当于"id(a)==id(b)"。

综上所述，关系运算符的说明如表2-6所示。

表 2-6　关系运算符的说明

运算符	说明
>	大于，如果">"前面的值大于后面的值，返回True，否则返回False
<	小于，如果"<"前面的值小于后面的值，返回True，否则返回False
==	等于，如果"=="两边的值相等，返回True，否则返回False
>=	大于等于（等价于数学中的"≥"），如果">="前面的值大于或等于后面的值，返回True，否则返回False
<=	小于等于（等价于数学中的"≤"），如果"<="前面的值小于或等于后面的值，返回True，否则返回False
!=	不等于（等价于数学中的"≠"），如果"!="两边的值不相等，返回True，否则返回False
is	判断两个变量引用的对象是否相同，相同则返回True，否则返回False
is not	判断两个变量引用的对象是否相同，相同则返回False，否则返回True

2.6.3　逻辑运算符

关系运算符能反映运算对象之间是否满足某种"关系"，逻辑运算符则用来判断一个命题"成立"还是"不成立"。所以，逻辑运算的结果也是布尔类型，只有True和False。通常，将参与逻辑运算的对象称为逻辑量。用逻辑运算符将关系表达式或逻辑量连接起来的式子称为逻辑表达式。逻辑运算符有3种：与运算、或运算、非运算（也称为取反运算），它们之间还可以任意组合成更复杂的逻辑表达式。逻辑表达式极大地方便了用户编写程序的流程。逻辑表达式通常使用在 if-else 语句、while 语句的判断部分中。

1. 逻辑与运算符

逻辑与运算符是"and"，它是双目运算符。它组成的逻辑表达式的一般形式为：

```
<exp1>and<exp2>
```

其中，exp1 和 exp2 一般是布尔类型的表达式或数据。上述表达式的含义是：当且仅当表达式 exp1 的值与表达式 exp2 的值同时为 True 时，整个表达式的值才为 True，否则整个表达式的值为 False。逻辑与运算符的真值表如表 2-7 所示。

表 2-7　逻辑与运算符的真值表

exp1	exp2	exp1 and exp2
False	False	False
False	True	False
True	False	False
True	True	True

例如，要判断变量 a 是否为正数，同时变量 b 是否为负数，就需要将两个不等式连接起来进行判断，这就需要用到逻辑与运算符。

```
a>0 and b<0
```

再例如，要判断一个字母是否为大写英文字母，可以用以下两种逻辑表达式来表达。

```
'A'<=ch and ch<='Z'
'A'<=ch<='Z'
```

其中，ch 是要判断的字母。当且仅当两个表达式（即两个条件）为真时，由"and"构成的组合条件才为真。也就是说，当该逻辑表达式的值为 True 时，变量 ch 一定是大写英文字母。第一个表达式与第二个表达式是等价的，很明显，第二种写法更简洁。

2. 逻辑或运算符

逻辑或运算符是"or"，它是双目运算符。它组成的逻辑表达式的一般形式为：

```
<exp1> or <exp2>
```

其中，exp1 和 exp2 一般是布尔类型的表达式或数据。表达式"exp1 or exp2"的含义是：只要表达式 exp1 和表达式 exp2 的值有一个为 True，整个表达式的值就为 True，否则整个表达式的值为 False。逻辑或运算符的真值表如表 2-8 所示。

表 2-8　逻辑或运算符的真值表

exp1	exp2	exp1 or exp2
False	False	False
False	True	True
True	False	True
True	True	True

例如，要判断字符"ch"是否为英文字母，但大小写不限，可以用以下表达式描述。

```
('A'<=ch<='Z') or ('a'<=ch<='z')
```

只要逻辑或运算符"or"两边的表达式的值有一个为True，整个表达式的值就为True。此时，变量ch可能是小写字母，也可能是大写字母，但不会是其他字符。

需要特别指出的是，逻辑与运算符和逻辑或运算符具有"部分决定整体"的性质。对于表达式：

```
exp1 and exp2
exp1 or exp2
```

如果下列条件有一个满足，则整个表达式计算完毕，因为这时已经能确定整个表达式的逻辑值了，exp2不会被计算，这个特性称为"**短路运算**"。

- 在逻辑与表达式中，exp1的计算结果为False。
- 在逻辑或表达式中，exp1的计算结果为True。

利用"短路运算"可以提高程序运行效率。例如，在组织含有"and"运算符的表达式时，将最可能为假的条件安排在最左边；在组织含有"or"运算符的表达式时，将最可能为真的条件安排在最左边。

3. 逻辑非运算符

逻辑非运算符是"not"，它是单目运算符。它组成的逻辑表达式的一般形式为：

```
not <exp>
```

exp可以是布尔类型的表达式或数据，"not exp"的含义是：只要表达式exp为True，整个表达式的值就为False，否则整个表达式的值为True，所以它又称为"逻辑反"。逻辑非运算符的真值表如表2-9所示。

表 2-9　逻辑非运算符的真值表

exp	not exp
True	False
False	True

逻辑非运算符"not"是一个单目运算符，它与其他单目运算符具有同样的优先级，比所有双目运算符的优先级高，且具有右结合性。所以，要检验变量x的值是否不小于变量y的值，可用以下表达式描述。

```
not (x<y)
```

其中，括号并不是必备的，但是为了表达式的可读性以及避免运算符优先级误解带来的错误，建议读者在表达式中加上括号。

巧妙地利用关系运算符和逻辑运算符，常常能进行复杂的条件判断。例如，编制日历程序时需要判断某年是否为闰年。由历法可知，能被4整除但不能被100整除的年份为闰年；每400年增加一个闰年，即能被400整除的年份也为闰年。记年份为year，则闰年的条件可以用逻辑表达式描述为：

```
(year%4==0 and year %100!=0) or (year % 400==0)
```

这个表达式非常简洁、易懂，这正是逻辑表达式的优势。

📖 逻辑表达式的结果不一定是布尔类型。例如"18 and 7"这样的逻辑表达式也是合法的，它的结果不是布尔类型，而是整数7，这是因为and和or运算符会将最后一个表达式的计算值作为最终结果。不过这种表达式没有什么实际意义，所以极少在程序中使用。

2.6.4 成员运算符

在编程时，经常需要判断某个数据是否属于某个集合，这里的集合可以是列表、元组、字符串、集合、字典等。Python专门提供了两个运算符来完成这一任务，它们是"in"和"not in"。它们的计算结果都是布尔类型，如果元素x属于集合s，则"x in s"的结果为True，"x not in s"的结果为False。

```
>>>data=[12,34,32,678,41]
>>>41 in data
True
>>>30 not in data
True
>>>'morning' in 'good morning'
True
```

2.6.5 位运算符

位运算符将数据以二进制数的形式进行运算，这里的数据必须是整数，如果是布尔类型，则将True当作1、将 False当作0来运算。运算过程中以一个二进制位为单位来进行与、或、取反、异或以及移位运算。假定变量a为60、b为13，对应的二进制数为：a=00111100、b=00001101，位运算符的说明如表2-10所示。

表2-10 位运算符的说明

运算符	说明	示例
&	按位与运算符；如果参与运算的两个数据的对应二进制位都为1，则该位的结果为1，否则为0	(a&b)输出12，二进制解释：00001100
|	按位或运算符；只要对应二进制位有一个为1，该位的结果就为1	(a|b)输出61，二进制解释：00111101
^	按位异或运算符；当对应二进制位相异时，结果为1	(a^b)输出49，二进制解释：00110001
~	按位取反运算符；对数据的每个二进制位取反，即把1变为0，把0变为1	(~a)输出195，二进制解释：11000011
<<	左移运算符；将数据的各个二进制位左移若干位，由"<<"右边的数字指定移动的位数，高位丢弃，低位补0	a<<2输出240，二进制解释：11110000

运算符	说明	示例
>>	右移运算符； 将数据的各个二进制位右移若干位，由"">>""右边的数字指定移动的位数，高位补0，低位丢弃	a>>2输出15，二进制解释：00001111

2.6.6 分隔符

在表达式中，除了运算符，往往还有一些分隔符，例如"a=b+c"中的"="就是一个分隔符。除此之外，小括号、中括号等也是分隔符，它们可以将表达式切分成具有独立意义的语法成分。Python中的分隔符种类繁多，如下所示。

(	)	[	]	{	}	,	:	.	;
@	->	=	+=	-=	*=	/=	//=	%=	@=
&=	|=	^=	>>=	<<=	**=				

"="称为赋值号，它可以将右侧的值赋给左侧的变量，也可以连续使用，例如"a=b=c"表示依次将右侧的值赋给左侧变量。赋值号也可以和其他运算符一起组成复合赋值语句，表示将右侧表达式的计算结果与左侧变量进行相应计算，再赋给左侧变量。例如"a+=b-c"等价于"a=a+(b-c)"，其中的括号不可省略。

【例2-28】复合赋值

```
>>>a=3
>>>b=4
>>>c=5
>>>a+=c-b              #等价于a=a+(c-b)
>>>a
4
>>>a/=c-b              #等价于a=a/(c-b)
>>>a
4.0
>>>a*=b+c              #等价于a=a*(b+c)
>>>a
36.0
>>>a=b=c              #赋值号可以连续使用
>>>print(f"a={a},b={b},c={c}")
a=5,b=5,c=5
```

2.6.7 运算符优先级

当一个表达式包含多个运算符时，就有运算顺序的问题，常见的是"先乘除，后加减"，这是因为乘除法的运算符优先级比加减法的运算符优先级高。如果是同一优先级，则从左至右依次运算。Python也规定了各种运算符的优先级，如表2-11所示。Python中的大多数运算符都具有左结合性，也就是说当两个运算符位于同一优先级时，是按照从左至右的顺序来运算的。单目运算符具有右结合性。

表 2-11　运算符的优先级

优先级	运算符	说明
1	(expressions...)	表达式
	[expressions...]	列表
	{key: value...}	字典
	{expressions...}	集合
2	x[index]、 x[index:index]、 x(arguments...)、 x.attribute	索引、抽取、切片、属性引用
3	await x	产生异步生成器对象（只用在协程函数中）
4	**	幂运算
5	+x、 −x、 ~x	正、负、按位取反
6	*、 @、 /、 //、 %	乘、矩阵乘、除、整除、取余
7	+、 −	加、减
8	<<、 >>	左移、右移
9	&	按位与
10	^	按位异或
11	|	按位或
12	in、 not in、 is、 is not、 <、 <=、 >、 >=、 !=、 ==	比较运算
13	not x	逻辑非
14	and	逻辑与
15	or	逻辑或
16	if - else	条件表达式
17	lambda	lambda表达式
18	:=	赋值表达式（Python 3.10新增）

由于运算符优先级众多，即便是熟练的用户也容易犯错，因此在多种运算符混合使用的表达式中，推荐使用"( )"来强制指定运算优先级。

2.7　内置函数

Python为用户提供了很多可以直接使用的函数，称为内置函数，前面用到的print()、input()是最常用的内置函数。本节介绍一些其他常用的内置函数。

2.7.1 类型转换和测试函数

前面已经介绍过，用int()、float()、str()函数可以实现数据类型的转换，如果要查看某个变量的类型，可以使用type()函数。

【例2-29】类型转换和测试函数

```
>>>num=int("123")            #将字符串转换成整数
>>>type(num)                 #查看类型
<class 'int'>                #num 为整数
>>>fnum=float("123.456")     #将字符串转换成浮点数
>>>type(fnum)
<class 'float'>
>>>s=str(147258)             #将整数转换成字符串
>>>type(s)
<class 'str'>
>>>print(num,fnum,s)
123 123.456 147258
```

2.7.2 id() 函数

id()函数可以获取一个对象在内存中的地址值（也称为id值）。当两个对象的id值相等时，表示这两个对象是同一个对象，前面介绍的is运算符本质上就是测试id值是否相等。id()函数的使用方法很简单：id(object)。不过由于Python的对象管理具有优化功能，所以有些看上去不相关的对象会具有相同的id值。

【例2-30】id() 函数的使用

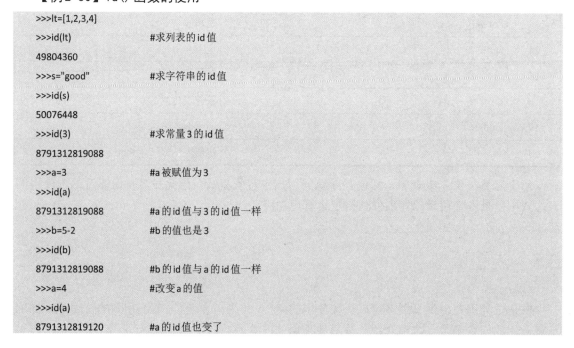

```
>>>lt=[1,2,3,4]
>>>id(lt)                    #求列表的id值
49804360
>>>s="good"                  #求字符串的id值
>>>id(s)
50076448
>>>id(3)                     #求常量3的id值
8791312819088
>>>a=3                       #a 被赋值为3
>>>id(a)
8791312819088               #a 的id值与3的id值一样
>>>b=5-2                     #b 的值也是3
>>>id(b)
8791312819088               #b 的id值与a的id值一样
>>>a=4                       #改变a的值
>>>id(a)
8791312819120               #a 的id值也变了
```

a和b通过不同的方式得到数值3，它们和常量3拥有相同的id值（8791312819088），这是系统自动进行的内存优化，只有常量3真正占据了内存空间，而a和b都是"贴"在内存空间上的"标签"。将a的值改为4之后，a这个"标签"又被"贴"到了4占据的内存空间上，所以它的id值也改变了。

2.7.3　数学函数

Python提供的内置数学函数种类繁多，包括最大值函数、最小值函数、求和函数、四舍五入函数、整除和求余函数等。

【例2-31】数学函数的使用

```
>>>lt=[23,45,31,55,63,7,98,37]
>>>max(lt)              #求列表中的最大值
98
>>>min(lt)              #求列表中的最小值
7
>>>sum(lt)              #求和
359
>>>f=123.4567
>>>round(f,3)           #四舍五入到小数点后3位
123.457
>>>divmod(18,4)         #求两个数的整除商和余数，结果是一个元组
(4, 2)
```

上面的大多数函数功能一目了然。round()函数的基本形式是：

```
round(number,n)
```

它会返回number四舍五入到小数点后n位的值。如果参数n被省略或为None，则返回最接近 number 的整数。round()函数四舍五入时采用的是"银行家舍入法"，即"四舍六入五取偶"。因此，round(0.5)和round(-0.5)的结果均为0，round(1.5)和round(2.5)的结果均为2。

对浮点数进行round()运算的结果可能会令人惊讶，例如 round(2.675，2)将给出2.67而不是 2.68，这一结果是由于大多数十进制小数实际上都不能用浮点数精确地表示。

Python还有很多内置函数，本书后面的章节会一一介绍。

2.7.4　字符编码函数及其逆函数

Python内部存储的字符默认采用Unicode编码，这是一种任意字符均使用两字节数据来保存的世界通用编码，它与ASCII编码兼容，只是把高字节填充为0。

为了获取任意字符的编码，Python提供了 ord()函数；反过来，任意一个小于65536的整数都可以看成一个Unicode编码，并可以用chr()函数输出它对应的字符。

由于字母的大小写编码差值为32（例如小写字母a的编码为97，大写字母A的编码为65），因此利用这两个函数可以实现任意字母的大小写转换。

【例2-32】字符编码函数的使用

```
>>>ord('啊')              #求汉字的编码
21834
>>>ord('a')              #求英文字母的编码
97
>>>chr(65)               #将整数表示的编码转换成字母
'A'
>>>ch='t'
>>>chr(ord(ch)-32)       #将小写字母转换成对应的大写字母
'T'
```

习题

1、用户自定义标识符与关键字有什么区别？可以和关键字相同吗？

2、单行注释符和多行注释符分别是什么？

3、编写程序，输入两个以空格分隔的整数，求出它们的和。

4、PI=3.1415926，e=2.71828，输出它们的乘积，结果保留4位小数。

5、输入一个正整数，如果它是奇数则输出 True，否则输出 False。

6、输入一个表示年份的整数，如果它是闰年则输出 True，否则输出 False。

7、输入三角形的三条边长（均为浮点数），利用海伦公式求出三角形的面积，结果保留 2 位小数。

8、输入一个用浮点数表示的半径，求出圆的面积。圆周率取值为3.1416，结果保留4位小数。

9、判断字符串"welcome to my world"是否包含单词"world"，包含则返回 True，不包含则返回 False。

10、输入一个大写字母，将其转换成对应的小写字母。

11、int("11111",2)表示什么意思？它的值为多少？表达式 int("123",16)的值为多少？

12、运算符"/"和"//"有什么区别？

13、运算符"%"和divmod()函数有什么区别？请利用运算符实现divmod()函数的功能。

14、语句print(1,2,3,sep=': ')的输出结果是什么？

15、要求一个列表中的最大元素、最小元素以及所有元素的和，应该用什么函数？

16、[3] in [1,2,3,4]表示什么意思？返回值是什么？

17、type(3) in (int,float,complex)表示什么意思？返回值是什么？

第 3 章

流程控制语句

本章将介绍Python程序设计中的流程控制语句。学完本章，读者可以编写一些具有一定实用功能的小程序。

1966年，计算机科学家Bohm和Jacopini发表论文，证明了用顺序、选择和循环三种基本控制结构就可以实现任何单入口、单出口的程序。这说明，编写任何一个Python程序，只需要能实现这三种结构的语句就足够了。

3.1 顺序结构

顺序结构是指按照语句出现的先后顺序运行，如图3-1所示，其中的语句通常是简单语句。Python中的简单语句有13种，包括表达式语句、赋值语句、assert语句、pass语句、del语句等。本书第1章和第2章介绍的所有程序都是顺序结构。

图3-1 顺序结构

3.2 选择结构

选择结构又称为判定结构或分支结构。计算机的基本特性之一是具有判定能力，或具有"有条件地选择运行某条语句"的能力。Python可以通过选择结构来实现这种功能，它提供了两类语句：if-else语句和if-elif语句。

双分支结构如图3-2所示，当表达式为真时，运行语句A；当表达式为假时，运行语句B。无论如何，在一次运行过程中，只能运行语句A和B中的一条，绝不可能同时运行两条语句。在某些情况下，语句B是可以缺少的，也就是没有else语句，当表达式为真时运行语句A，而表达式为假时什么事情都不做。这时双分支结构退化为单分支结构，如图3-3所示。

图 3-2 双分支结构   图 3-3 单分支结构

双分支结构还可以派生出另一种基本结构：多分支结构，如图 3-4 所示。在多分支结构中，当表达式 1 为真时，运行语句 1；当表达式 1 为假时，运行第二个判断语句，判断表达式 2 是否为真，如果不成立，就按照同样的方式依次判断表达式 3、表达式 4……

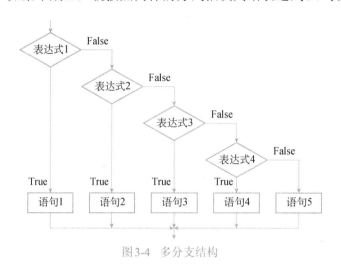

图 3-4 多分支结构

3.2.1 单分支结构

Python 中用 if 语句实现单分支结构，它的基本形式为：

```
if expression:
    statement 1
    statement 2
    ...
    statement n
```

关键词 if 后面的 expression 是一个条件表达式，它的计算结果是布尔类型，当它的值为真时，运行后面的语句序列（从 statement 1 到 statement n）；当它的值为假时，后面的语句序列不被运行。如果只有一条语句，可以把这条语句直接写在条件表达式的冒号后面，这样可以节省显示时占用的空间，如：

```
if expression:statement
```

📖 请特别注意，if 语句后面的语句序列相对于 if 语句必须缩进至少 1 个空格（通常是 4 个空格或 1 个制表符），而且这些语句本身必须对齐。Python 依靠语句缩进格式来判断语句之间的从属关系，所以必须严格按照格式排列。另外，条件表达式后面有一个冒号，一定不能漏写。

如果写成：

```
if expression:
    statement 1
statement 2
```

statement 1 属于前面的 if 语句，而 statement 2 并不属于前面的 if 语句（它已经与 if 语句对齐了）。换言之，当条件不成立时，statement 1 不会被运行，而 statement 2 仍然会被运行。

【例3-1】判断用户年龄是否合规

```
age=int(input("请输入您的年龄："))
if age>=18:
    print("你已成年")
    print("可以使用本系统")
```

某次运行的结果为：

```
请输入您的年龄：20
你已成年
可以使用本系统
```

如果改成：

```
age=int(input("请输入您的年龄："))
if age>=18:
    print("你已成年")
print("可以使用本系统")
```

当程序提示输入时，请输入 15，观察运行结果。

3.2.2　双分支结构

在实际编程时，很多情况下需要使用双分支结构，即当条件成立时做某件事情，条件不成立时做另一件事情。双分支结构的基本形式为：

```
if expression:
    statement 1
else:
    statement 2
```

相对于 if、else 关键字，statement 语句需要缩进。请注意：虽然 if-else 语句有两个分支，但是在一次运行过程中，只能有一个分支被运行，绝不会出现两个分支同时被运行的情况。

【例3-2】判断用户输入的数是奇数还是偶数

```
num=int(input("请输入一个整数："))
if num%2==0:
    print(f"{num} 是一个偶数")
else:
    print(f"{num} 是一个奇数")
```

【例3-3】输入两个数，输出其中较大的数

```
a,b=map(int, input("输入两个整数：").split())
```

```
if a>b:
    print(f"较大的数是：{a}")
else:
    print(f"较大的数是：{b}")
```

例3-3 也可以用单分支结构完成。

【例3-4】输入两个数，输出其中较大的数（单分支结构）

```
a,b=map(int, input("请输入两个整数：").split())
m=a              #假定 a 是较大的数，把它的值赋给 m
if b>m:          #如果 m 不是较大的，则把 b 的值赋给它
    m=b
print(f"较大的数是：{m}")
```

例3-4的方法似乎比较"笨拙"，不如例3-3的方法简洁。但是如果有很多个数，要找到其中最大或最小的数，例3-4的方法更有优势。

3.2.3　多分支结构

在某些程序中，可能根据条件有多个不同的操作，称为多分支结构。从理论上来说，所有多分支结构都可以用双分支结构实现。但为了方便用户编程，Python对 if-else 语句进行了扩展，可以支持多分支结构，它的一般形式为：

```
if expression1:
    statement 1
elif expression2:
    statement 2
elif expression3:
    statement 3
...
else:
    statement n
```

多分支结构会从上往下依次判断某个条件是否成立，如果成立，则运行其后对应的语句，然后跳出多分支结构；如果所有条件都不成立，则运行最后的else语句；当然，多分支结构也可以没有else语句，这时如果所有条件都不成立，则整个多分支结构就运行结束了。

【例3-5】评定成绩等级

给定一个0～100的分数（整数）。按照下列标准评定其等级并输出：0～59分为不及格，60～69分为及格，70～79分为中等，80～89分为良好，90～100分为优秀。

这是一个典型的多分支结构，假定成绩用变量score存储，只要判断score属于哪个分数段就可以输出对应的等级。唯一的难点是如何判断score所属的分数段。例如score是95，属于90～100分数段，可以写为：

```
90<=score<=100
```

当然，也可以写为：

```
90<=score and score<=100
```

这两种写法是等价的。很明显，第一种写法更接近人们的日常表达习惯，所以用得更多。下面是完整的程序。

```python
score=int(input("请输入学生成绩："))
if 0<=score<=59:
    print(f"成绩为{score}分，评定为不及格")
elif 60<=score<=69:
    print(f"成绩为{score}分，评定为及格")
elif 70<=score<=79:
    print(f"成绩为{score}分，评定为中等")
elif 80<=score<=89:
    print(f"成绩为{score}分，评定为良好")
elif 90<=score<=100:
    print(f"成绩为{score}分，评定为优秀")
else:
    print(f"输入的成绩为{score}分，输入有误")
```

这个程序能很好地工作，但它并不是一个简洁、高效的程序，因为某些判断完全是多余的。根据 if-elif-else 语句的规则，程序是一个个 elif 语句依次判断过来的，例如运行到"elif 70<=score<=79"时，意味着前面的条件都不成立，也就是说 score 一定不小于 70，所以"70<=score"这个判断是多余的，只需要判断"score<=79"是否成立。请读者自行改进程序。

3.2.4　分支嵌套

在很多情况下，简单的 if-else 语句并不足以满足判断的需要，往往需要在 if 语句中再包含一个或多个 if 语句，这种情况称为 if 语句的嵌套。它的一般形式为：

```
1.      if expression1:
2.          if expression 2:
3.              statement 1
4.          else:
5.              statement 2
6.      else:
7.          if expression3:
8.              statement 3
9.          else:
10.             statement 4
```

内层的 if-else 语句还可以嵌套其他 if-else 语句，Python 没有规定最多可以嵌套的层数。但如果嵌套层数过多，会导致程序难以阅读，所以实际编程时嵌套层数不会超过三层。

另外，嵌套的 if-else 语句仍然是根据语句缩进来判断配对关系的。例如第 6 行的 else 语句与第 1 行的 if 语句对齐，因此它与第 1 行的 if 语句配对；而第 4 行的 else 语句与第 2 行的 if 语句配对。

【例3-6】用if-else嵌套语句实现符号函数

符号函数的功能是：若某个整数大于 0，则结果为 1；若小于 0，则结果为-1；若等于 0，则结果为 0。

```
num=int(input("请输入一个整数："))
if num<0:
    flag=-1
else:
    if num==0:
        flag=0
    else:
        flag=1
print(f"{num}的符号是：{flag}")
```

符号函数的流程图如图 3-5 所示。

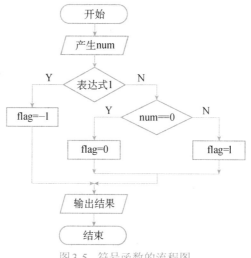

图 3-5　符号函数的流程图

【例3-7】用if-else嵌套语句判断闰年

编制日历程序需要判断某年是否为闰年。由历法可知，能被 4 整除但不能被 100 整除的年份为闰年，例如 2020 年是闰年，但 1900 年不是闰年；能被 400 整除的年份也为闰年，例如 2000 年是闰年。记年份为 year，判断闰年的流程图如图 3-6 所示。

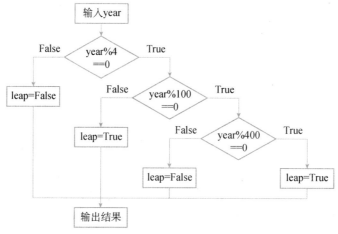

图 3-6　判断闰年的流程图

根据这一流程图，可以写出下面的程序。

```
year=int(input("请输入年份："))
if year%4 == 0:
    if year%100 == 0:
        if year%400 == 0:
            leap=True
        else:
            leap=False
    else:
        leap=True
else:
    leap=False
if leap:
    print(f"{year}是闰年")
else:
    print(f"{year}不是闰年")
```

除了使用if-else嵌套语句，还可以使用逻辑表达式来判断闰年。实际上，满足下面两个条件之一的年份一定是闰年，否则不是闰年。

- 能被400整除；
- 能被4整除，且不能被100整除。

【例3-8】用逻辑表达式判断闰年

```
year=int(input("请输入年份："))
if year%400==0 or year%4==0 and year%100!=0:
    print(f"{year}是闰年")
else:
    print(f"{year}不是闰年")
```

这个程序的运行情况与例3-7完全一样，但形式简洁很多，所以灵活使用逻辑表达式能有效降低编程的烦琐程度。

3.2.5　条件表达式

在某些情况下，使用if-else语句判断某个条件是否成立只是为了给某个变量赋值。例如判断变量a和b的大小，然后将较小的值保存在m中。对于这种简单的任务，如果用if-else语句会显得比较烦琐。Python提供了一种简单的形式：条件表达式，它能完成简单的条件赋值任务。条件表达式的一般形式为：

```
variable=expression1 if condition-expression else expression2
```

当条件表达式的值为真时，变量variable的值是expression1，否则是expression2。

【例3-9】用条件表达式求最小值

```
>>>a=100
>>>b=200
>>>m=a if a<b else b
```

3.3 循环结构

在程序中，需要根据条件重复地执行某项任务，直到满足或不满足条件，这就是循环结构，又称为重复结构。循环结构可以用很少的语句让计算机重复完成大量类似的计算，还能使程序的结构在逻辑上更紧凑、清晰、易读。循环结构是程序设计的基本结构之一，它和顺序结构、选择结构共同作为各种复杂程序的基本构造单元。

循环结构如图3-7所示，当条件P成立时，反复运行A语句；直到P不成立时停止循环。

Python提供了两种循环控制语句，即while循环和for循环。

图3-7 循环结构

3.3.1 while 循环

while 循环又称为当型循环，它的一般形式为：

```
while expression:
    statement 1
    statement 2
    ...
    statement n
```

由于每次循环都要判断 expression 的值，所以通常情况下需要在循环体中改变这个表达式的值，否则循环将永远继续下去，变成死循环。对于初学者而言，死循环是最常见的编程错误。

如果循环体只有一条语句，可以与while语句写在同一行中。

```
while expression:statement
```

【例3-10】依次输出1、2、…、n的值

解决这个问题的思路很简单，只需要定义一个循环变量 i，其初始值为1，每次输出它的值后将它的值加1，反复这么做，i的值超过 n 就停止。

```
1.    n=int(input("请输入一个整数："))
2.    i=1
3.    while i<=n:
4.        print(i,end=" ")
5.        i += 1
```

这个程序虽然简单，但是它具备了while循环的全部要素。

* 第2行的"i=1"为循环变量i赋初值，这条语句位于循环体外，只会在循环开始前运行一次。

* 第3行的"i<=n"是循环条件测试表达式，只有测试结果为真时，循环才会继续下去，即当i大于n时循环才会终止。

* 第4行和第5行都是循环体，第4行用于输出i的值；第5行用于改变i的值。第5行运行完毕之后，程序会自动跳转到第3行，判断是否要进行下一次循环。初学者最容易遗忘的就

是第 5 行的代码。

【例3-11】 求 $1+2+\cdots+n$

累加求和是最常见的问题之一，可以用等差数列求和公式来求。但对于另一些无规律的累加求和问题，就只能依次相加。为了教给读者解决更普遍问题的方法，这里使用循环语句完成累加求和。

一共要进行 $n-1$ 次相加，只是每次相加的两个数不同。通用的技巧是用一个变量存储每次相加的和，然后这个变量参与下一次相加，并且再次记录相加的和。它的求和公式是 "s=s+i"，右侧的变量 i 每次加 1，左侧的变量 s 则需要记录前面所有数之和，变量 s 称为累加器。

```python
n=int(input("请输入一个整数："))
i=1
s=0                    #累加器清零
while i<=n:
    s += i            #累加求和
    i += 1
print(f"sum={s}")
```

最后我们再总结一下 while 循环的三要素：初始赋值、循环终止条件、循环体，其中循环体一般应包括改变循环变量的语句。

Python 中的 while 循环还有一种扩展形式，可以加上一条 else 子句，只有循环条件不满足时才会运行这条 else 子句，请看例 3-12。

【例3-12】 while 循环中的 else 子句

```python
i=1
while i<=10:
    print(i,end=" ")
    i += 1
else:
    print(i)
```

如果没有 else 子句，这个程序会输出 1～10，但是有了 else 子句，它会输出 1～11，最后的 11 就是由 else 子句输出的。

有时候，我们无法预估循环的次数，需要循环无限进行下去，可以用 "while True" 来实现，不过这时需要在循环体中用 break 语句来终止循环。

3.3.2　for 循环

Python 还提供了另一种循环结构：for 循环，它的形式比 while 循环更简洁，不需要初始赋值、改变循环变量，降低了编程出错的可能性，而且运行效率更高，只是灵活性稍差。

for 循环的基本形式为：

```python
for target_list in expression_list:
    statement 1
```

```
        statement 2
        ...
        statement n
```

其中，target_list 是一个循环变量，用于存放从 expression_list 中获取的元素；expression_list 是一个迭代对象，可以是元组、字符串、字典、集合等；缩进的语句都是循环体。

【例3-13】用 for 循环输出 1～n

```
n=int(input("请输入一个整数："))
for x in range(1,n+1):
    print(x,end=" ")
```

在这个示例中，range(1,n+1)会产生 1～n 的迭代对象，然后利用 x 将这些数据取出来，在循环体中依次输出。

for 循环中的迭代对象，除了可以是 range()对象，也可以是元组、列表等。

【例3-14】用 for 循环输出元组中的数据

```
for x in (3,5,12,7,8):
    print(x,end=" ")
```

它的运行结果是：

```
3 5 12 7 8
```

for 循环也可以像 while 循环一样，使用 else 子句与其进行配对，其效果是最后一次循环终止时运行 else 子句。

【例3-15】for 循环中的 else 子句

```
for x in range(1,10):
    print(x,end=" ")
else:
    print(x)
```

如果没有 else 子句，会输出 1～9，加上 else 子句之后输出结果为：

```
1 2 3 4 5 6 7 8 9 9
```

注意看，最后一个数字"9"输出了两次，第二次是由 else 子句输出的。这个例子清晰地表明了 for 循环中的 else 子句是"最后一次循环终止时"被运行的，这一点与 while 循环中 else 子句的运行情况是不同的。

3.2.3　break 语句

在某些情况下，我们需要提前终止循环，这就需要用到 break 语句。这条语句通常放在循环体内，一旦被运行，包含它的最内层循环会马上终止，程序会跳转到循环体之后继续运行。由于这条语句会终止循环，所以它不会独立出现，而是放在条件语句中，当某个条件满足时它才会被运行。

常见的 break 语句的形式是：

```
while|for  循环语句:
    if  条件表达式:
```

```
        break
```

【例3-16】依次输出 1、2、…、n

```
n=int(input("请输入一个整数："))
i=1
while True:                          #这是一个无限循环
    print(i,end=" ")
    i += 1
    if i>n:                          #满足终止条件
        break                        #提前终止循环
```

需要说明的是，这个问题并不需要用 break 语句来解决，这么写只是为了让读者理解 break 语句的作用。

【例3-17】判断一个整数是否为质数

质数是除 1 和自身外没有其他因数的整数，1 既不是质数也不是合数，2、3、5、7、11 都是质数。

根据质数的定义，判断 n 是否为质数需要依次判断它能否被 2、3、4、5、…、$n-1$ 整除，如果能被其中任何一个数整除，那么它不是质数；反之，如果它不能被某个数整除，还不能得出结论，必须继续整除下去，直到测试完所有数据。

当然，这里还可以优化一下，由于一个整数的因数总是成对出现的，如果一个因数小于它的平方根，另一个因数必定大于它的平方根，因此并不需要测试到 $n-1$，只要测试到它的平方根即可。这样可以大大提高判断的效率，下面是根据这个思路写出来的程序。

```
n=int(input("请输入一个数："))
end=int(n**0.5+1)
for i in range(2,end):               #依次判断，直到n的平方根
    if n%i==0:                       #是否可以整除某个数
        print(f"{n} 不是质数")        #一旦可以整除，就可得到结论
        break                        #后面的数无须判断，提前结束循环
else:                                #循环已经运行完毕，可以得出结论
    print(f"{n} 是质数")
```

还有一点要注意，尽管 break 语句在某些情况下可以简化程序，但它实际上为循环增加了出口，违反了结构化编程中的"单入口、单出口"原则，会降低程序的可读性，所以如果非必要，不要滥用 break 语句。

3.2.4 continue 语句

在 for 循环和 while 循环中，还可以使用另一种流程控制语句：continue 语句，它的作用是中止当前这次循环，立即进入下一次循环。一般情况下，continue 语句会出现在 if 语句中，常见的形式为：

```
while|for 循环语句:
    if 条件表达式:
        continue
```

【例3-18】寻找满足条件的数

有一个数，被3整除余2，被5整除余3，被11整除余5。请输出所有满足条件的1～1000的数。

解决这个问题的思路很简单：测试一个数是否被3整除余2，如果不满足则终止当前循环，测试下一个数；如果满足则继续测试后两个条件是否满足。

```python
for x in range(2, 1000):
    if x%3!=2: continue      #如果这个条件不满足，直接进入下一次循环
    if x%5!=3: continue
    if x%11!=5: continue
    print(x, end=" ")        #能运行到这里，肯定满足以上三个条件
```

运行结果为：

```
38 203 368 533 698 863
```

实际上，这个程序也可以不使用continue语句，逻辑表达式可以完成同样的功能，读者可以尝试一下。

3.2.5 pass 语句

pass语句是一个空操作语句，它被运行时什么都不发生，当语法上需要一条语句但并不需要运行任何代码时可以用来临时占位，例3-18的程序可以用pass语句写成：

```python
for x in range(2, 1000):
    if x%3!=2: pass          #用pass语句占位
    elif x%5!=3: pass
    elif x%11!=5: pass
    else: print(x, end=" ")
```

在这个程序中，if子句后面至少要有一条可运行语句，而这里并没有什么任务需要运行，所以添加一条pass语句来占位。当然，这里也可以改写if子句后面的条件表达式，读者可自行修改代码。

3.2.6 循环嵌套

前面讨论的两种循环结构的循环体在语法上要求是一条语句。如果这条语句又是一条循环语句，则称这个循环结构是双层循环结构。以此类推，可能出现三层、四层乃至更多层循环结构。这种循环体中套有另一个循环的结构叫作循环嵌套。for循环和while循环可以互相嵌套，自由组合。但要注意的是，各个循环必须完整，相互之间不允许交叉。下面几种形式都是合法的循环嵌套。

```
1   while expression1:                    #外层循环
        ...
            while expression2:            #内层循环
                ...
2   for target_list in expression_list:   #外层循环
        ...
```

```
        for target_list in expression_list:      #内层循环
            ...
    3   for target_list in expression_list:      #外层循环
            ...
        while expression:                         #内层循环
            ...
```

当然，合法的循环嵌套形式远不止这么几种，嵌套的层次也可以更深。Python并没有规定最多嵌套层数，但如果嵌套层数过多，将影响程序的可读性。所以建议嵌套层数不要超过3层，如果有必要嵌套多层，可将内层的循环写成函数供外层循环调用。

循环嵌套的运行流程类似于老式的电表或水表：内层循环相当于较小（右侧）的读数，只有当它循环完一圈后，外层循环（左侧）才会运行一步，然后又进入内层循环继续运行，如图3-8所示。

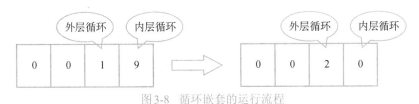

图3-8 循环嵌套的运行流程

【例3-19】依次输出1、2、3、…、50（每行输出10个数，共5行）

这个例子可以用单层循环来实现，不过用循环嵌套更直观。外层循环用来控制输出的行数，这里共有5行。内层循环用来控制每行输出的数，每行10个。这里的内外循环都是定长循环，可以用for循环实现。另外，使一个变量从1开始逐步增加，作为输出的数据。

```
num=1
for i in range(5):                      #外层循环控制输出的行数
    for j in range(10):                 #内层循环控制每行输出的数
        print(f"{num:4d}", end="")
        num += 1
    print()                             #每输出一行就换行
```

程序运行的结果如下。

```
 1   2   3   4   5   6   7   8   9  10
11  12  13  14  15  16  17  18  19  20
21  22  23  24  25  26  27  28  29  30
31  32  33  34  35  36  37  38  39  40
41  42  43  44  45  46  47  48  49  50
```

【例3-20】输出一个直角三角形

```
*
**
***
****
*****
******
```

```
*******
```

观察这个直角三角形，它一共有7行，每一行"*"的数量刚好等于它所在的行号。根据例3-19的思路，外层循环控制行数，内层循环控制每一行的"*"数量，它不是一个定值，而是一个与行号相等的变量。

```
for i in range(7):
    for j in range(i+1):
        print("*",end="")
    print()
```

3.3* 异常处理

异常（Excepton）又称为例外，是程序运行时出现的非正常事件，例如用户输入了错误的数据、文件无法打开或创建、对空对象进行操作等。异常事件的发生会导致严重的错误，所以程序必须停止运行，向用户通报这些异常，程序的流程也会因此发生改变。一个好的程序必须考虑这些异常并有相应的处理手段，这就是程序的"健壮性"。

异常通常分为两种，一种是编程错误，例如除数为0、年龄为负数、列表下标越界等，如果不能发现这些错误并加以处理，很可能导致程序崩溃。但这些错误是用户可以避免的，所以无须用异常处理语句来处理。另一种异常与程序运行环境相关，例如要读取的文件不存在，这是用户无法控制的情况。

Python 的异常处理机制涉及 try、except、else、finally 关键字，同时还提供了可主动使程序引发异常的raise语句，本节做入门介绍。

3.3.1 捕获和处理

Python 用 try-except-else-finally 语句来捕获和处理异常，其中 try-except 语句是必备的，else-finally 语句是可选的。try-except 语句的基本形式如下。

```
try:
    语句（1）
    语句（2）
except [(Error1, Error2, ...) [as e]]:
    异常处理语句（3）
except [(Error3, Error4, ...) [as e]]:
    异常处理语句（4）
except [Exception]:
异常处理语句（5）
其他语句（6）
```

其中，"[]"括起来的部分可以省略。各部分的含义如下。

● Error1、Error2、Error3 和 Error4 都是具体的异常类型。显然，一个except语句可以同时处理多种异常。

- [as e]是可选参数，表示给异常类型起一个别名 e，这样做的好处是方便调用异常类型（后续会用到）。
- [Exception]是可选参数，指程序可能发生的所有异常情况，通常用于最后一个except 语句。

由 try-except 语句的基本形式可以看出，try 语句有且仅有一个，但 except 语句可以有多个，且每个 except 语句可以同时处理多种异常。

try-except 语句的运行流程如下。

- 首先运行 try 语句，如果运行过程中未出现异常，则依次运行语句（1）→（2）→（6）。
- 如果出现异常，系统会自动抛出一个异常类型，并将该异常提交给 Python 解释器，此过程称为捕获异常。若语句（1）发生异常，且异常类型是 Error 1，则依次运行语句（1）→（3）→（6）。若语句（2）发生异常，且异常类型是 Error 3，则依次运行语句（1）→（2）→（4）→（6）。若语句（1）发生异常，且异常类型不是 Error 1～4，则依次运行语句（1）→（5）→（6）。

综上所述，当 Python 解释器接收到异常时，会从上往下寻找能处理该异常的 except 语句，如果找到合适的 except 语句，则把该异常交给该 except 语句处理，这个过程称为处理异常。如果 Python 解释器找不到处理异常的 except 语句，则程序终止运行，转入系统的异常处理程序，Python 解释器也退出。

事实上，不管程序代码是否处于 try 语句中，只要出现了异常，系统都会自动生成对应类型的异常。但是，如果此段代码没有用 try 语句包裹，或者没有为该异常配置处理它的 except 语句，则 Python 解释器将无法处理，程序会停止运行；反之，如果程序发生的异常被 try 语句捕获并由 except 语句处理完成，程序可以继续运行。

【例3-21】异常处理1

```
1.    try:
2.        print("异常产生之前")
3.        a=1/0                        #除数为0，引发异常
4.        print("异常产生之后")
5.    except ArithmeticError:          #捕获算术异常
6.        print("发生了算术异常")
7.    except:                          #捕获任意类型的异常
8.        print("发生了未知异常")
9.    print("异常处理完毕，正常结束")
```

这个程序的第 3 行用除以零来引发异常，这实际上是一个编程错误，不应该用异常机制来处理，这里的代码只是为了简洁地展示异常处理流程，运行结果如下。

```
异常产生之前
发生了算术异常
异常处理完毕，正常结束
```

由于第 3 行产生了异常，第 4 行的输出语句没有被运行，跳转进入了异常处理程序。由于除数为 0 是算术异常，所以被第 5 行的"except ArithmeticError"捕获，进入对应的代码块；由于这个异常已经被处理，所以第 7 行的异常捕获语句没有捕获到这个异常；异常处理完成之

后，程序跳转回正常的流程，运行第9行的代码。

【例3-22】异常处理2

```
1.    try:
2.        print("异常产生之前")
3.        a=1/0                        #除数为0，引发异常
4.        print("异常产生之后")
5.    except:                          #捕获任意类型的异常
6.        print("发生了未知异常")
7.    print("异常处理完毕，正常结束")
```

输出结果如下。

```
异常产生之前
发生了未知异常
异常处理完毕，正常结束
```

由于没有"except ArithmeticError"捕获算术异常，所以except语句可以捕获异常，其他流程与例3-21完全一样。

3.3.2　扩展语句

在基本的try-except语句的基础上，Python异常处理机制还提供了一个else语句，即在原有try-except语句的基础上添加一个else语句，即try-except-else语句。

只有try语句中没有发生任何异常时，else语句才会被运行；相反，如果try语句中发生异常，会调用对应的except语句处理异常，else语句不会被运行。

【例3-23】异常处理3

```
try:
    div=int(input('请输入除数:'))
    result=20 / div
    print(result)
except ValueError:
    print('必须输入整数')
except ArithmeticError:
    print('算术错误，除数不能为0')
else:
    print('没有出现异常')
print("程序运行完毕")
```

在这个程序中，我们增加了else语句，下面是多次运行的结果。

```
>>>%Run '异常示例03.py'
请输入除数:2
10.0
没有出现异常
程序运行完毕
>>>%Run '异常示例03.py'
```

```
请输入除数:2.5
必须输入整数
程序运行完毕
>>>%Run '异常示例03.py'
请输入除数:0
算术错误，除数不能为 0
程序运行完毕
```

输入一个非 0 整数时，程序会输出"没有出现异常"；如果输入的是浮点数或0，会引发异常，这时 else 语句没有被运行。

例 3-23 说明，else 语句与 except 语句是互斥的，每次只能运行其中一个。

Python 的异常处理机制还提供了 finally 语句，通常用来为 try 语句做"扫尾"工作。从语法规则上看，finally 语句只要求和 try 语句搭配使用，不要求包含 except 语句和 else 语句（else 语句必须和 try-except 语句搭配使用）。

在异常处理机制中，finally 语句的功能是：无论 try 语句是否发生异常，以及异常是否被程序捕获，最终都要进入 finally 语句中。

基于 finally 语句的这种特性，当 try 语句占用了一些物理资源（例如打开文件、建立数据库连接等）时，这些资源必须在使用完成后回收。为了保证回收代码一定被运行，这些代码通常放在 finally 语句中。

【例3-24】异常处理4

```
try:
    div=int(input('请输入除数:'))
    result=20 / div
    print(result)
except:
    print('出现异常')
else:
    print('没有出现异常')
finally:
    print('这是 finally 块')
print('程序运行完毕')
```

以下是两次运行的结果。

```
>>>%Run '异常示例04.py'
请输入除数:10
2.0
没有出现异常
这是 finally 块
程序运行完毕
>>>%Run '异常示例04.py'
请输入除数:1.2
出现异常
这是 finally 块
程序运行完毕
```

运行结果表明，无论异常是否发生，finally 语句都会被运行，这是其他语句不具备的功能。

3.3.3　抛出异常

Python 允许用户使用 raise 语句自行在程序中抛出异常，raise 语句的基本语法格式为：

```
raise [exceptionName [(reason)]]
```

其中，"[]" 括起来的是可选参数，其作用是指定抛出的异常名称，以及异常信息的相关描述。如果可选参数全部省略，则 raise 语句会把当前错误原样抛出；如果仅省略 reason 参数，则抛出异常时不附带任何异常信息。

用户自行抛出的异常同样由 try-except 语句捕获并处理，否则将进入异常处理机制，导致程序运行终止。所以在正常情况下，会将 raise 语句写在 try 语句中。

【例3-25】用 raise 语句抛出异常

```
try:
    num=input("输入一个数：")
    if(not num.isdigit()):
        raise ValueError("输入必须是数字")        #抛出异常
except ValueError as e:
    print("引发异常：%s"%e.args)
```

在 try 语句中，raise 语句抛出了一个 ValueError 类型的异常，随后用 except 语句捕获了这个异常。以下是运行情况。

```
输入一个数：15a
引发异常：输入必须是数字
```

异常也可以嵌套使用，由于篇幅关系，本书无法一一介绍，读者可以自行参阅相关书籍。

3.4　综合示例

下面通过一些示例程序来帮助读者巩固所学知识，同时介绍一些简单的常用算法。读者务必要掌握这些算法，为后续学习打好基础。

【例3-26】阶梯电费计算

某省的城市居民电费采用阶梯计价法，每月用电量小于等于 200 千瓦时时，电费为每千瓦时 0.588 元；每月用电量为 201～350 千瓦时时，超出部分的电费为每千瓦时 0.638 元；每月用电量超过 350 千瓦时时，超出部分的电费为每千瓦时 0.888 元。根据用户输入的用电量，求出应付的电费。假定用电量都是整数，不用考虑输入出错问题，结果保留两位小数。

这个程序是典型的多分支选择结构，一共有三个分支，可以用 if-elif-else 语句求解。要注意进入第二挡或第三挡之后，除了本挡电费，还需要加上前面一挡或两挡的电费。

```
kwh=int(input("请输入用电数："))
if kwh<=200:
    price=kwh*0.588
```

```
elif kwh<=350:
    price=(kwh-200)*0.638 + 200*0.588               #要加上第一挡电费
else:
    price=(kwh-350)*0.888 + 200*0.588 + 150*0.638    #要加上前两挡电费
print(f"{price:.2f}")
```

【例3-27】求斐波那契数列的前 n 项

斐波那契（Fibonacci）数列是数学中非常有名的一个数列，因数学家Fibonacci发现而得名。它的递推公式为：

$$k_n=1（n=1、2）$$
$$k_n=k_{n-1}+k_{n-2}（n\geqslant 3）$$

从第三项起，每一项都是前两项之和。设当前所求项为 k_3，k_3 的前一项为 k_2，k_2 的前一项为 k_1，则 $k_3=k_2+k_1$，求解过程如图3-9所示。

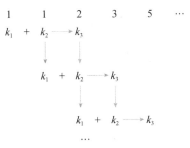

图3-9 求解过程

这里只有3个变量：k_3、k_2 和 k_1，却要输出 n 项，所以要用到迭代技巧。每输出一个 k_n，k_{n-2} 不再有用，于是可以将 k_{n-1} 赋给 k_{n-2}，将 k_n 赋给 k_{n-1}，把 k_n 空出来，继续用它求 k_{n+1}。

```
n=int(input("请输入第 n 项："))
k1=k2=1
print(f"{k1:6d}{k2:6d}",end="")
for i in range(3,n+1):
    k3=k2+k1
    print(f"{k3:6d}",end="")
    k1,k2=k2,k3               #开始迭代
```

【例3-28】逆向输出整数

对整数进行处理是常见问题，例如将整数32496逆向输出为69423。

在Python中解决这个问题有一个简单方法，就是将整数转换为字符串，然后利用切片逆向输出。但本例需要读者掌握底层算法。

解决此问题的基本思路是将整数分离成一个个数字。对于32496，先将6分离出来，再将9分离出来，以此类推，最后将3分离出来，在分离的过程中将数字依次输出即可。

要分离出最低位，只要对10取余即可。问题是如何将中间的数字也分离出来。其实，将最低位分离出来之后，最低位不再有用，完全可以抛弃，然后将右数第2位变成最低位。这需要将数字用10整除，例如32496/10=3249，就可以对9进行操作了。

将上面这两步反复进行下去，形成一个循环，就可以依次处理百位、千位……但是还有

一个问题，就是什么时候终止循环。容易想到，最高位被分离出来之后，再整除10，结果会为0，这时就不用再循环下去了。

```python
n=int(input("请输入一个整数"))
while n!=0:
    print(n%10,end="")          #输出最低位
    n//= 10
```

【例3-29】求两个整数的最大公因数和最小公倍数

求两个整数的最大公因数和最小公倍数是很常见的数学问题。在 Python 中可以用 math 库的 gcd()函数求最大公因数，然后用两个数的乘积除以最大公因数就可以得到最小公倍数。

```python
>>>import math
>>>math.gcd(27,36)
9
```

gcd()函数用的算法叫作欧几里得算法（辗转相除法），它只有以下三步。

① 求余数，r=n%m。

② 令 n=m，m=r。

③ 若 r=0，则 n 为最大公因数，退出循环；否则转①。

这里不对算法的正确性做出证明，读者可以自行思考。求出最大公因数 q 之后，计算 m×n÷q 即可求出最小公倍数。

```python
n,m=map(int,input("请输入两个正整数: ").split())
sn,sm=n,m                       #保留这两个值待用
r=1
while r!=0:                     #用辗转相除法求最大公因数
    r=n % m
    n,m=m,r
print(f"最大公因数是: {n}, 最小公倍数是{sn*sm//n}")
```

【例3-30】求合数的所有质因数

每个合数都可以写成几个质数相乘的形式，这几个质数就叫作这个合数的质因数，例如 8=2×2×2、30=2×3×5。现在给定一个合数，输出它的所有质因数，并按照从小到大的顺序排列。

这个问题似乎应该这么来解：对于合数，从小到大依次判断某个数是不是它的因数，同时再判断这个数是不是质数，是则输出。但这种方法是错误的，因为可能会有多个相同的质因数。

```python
n=int(input("请输入一个整数: "))
i=2
while n>1:
    if n%i==0:
        print(i, end=" ")
        n //= i
    else:
        i += 1
```

正确的方法是用一个变量i从2开始依次判断当前的i是不是合数n的因数，如果是就用i整除n得到商，然后将商赋给n，仍然对当前的i进行整除判断。如果i不是因数，则将i加1。这里不必判断i是否是质数，因为如果i是合数，i的因数肯定也是n的因数，之前已经被去掉了，所以新因数i一定是质数。由于n不断地被i整除，所以会变小，当它的值变为1时，表示再没有质因数了，循环可以结束。

某次运行的情况为：

```
请输入一个整数：1620
2 2 3 3 3 3 5
```

【例3-31】输出九九乘法口诀表

```
1×1=1
1×2=2   2×2=4
1×3=3   2×3=6   3×3=9
1×4=4   2×4=8   3×4=12  4×4=16
1×5=5   2×5=10  3×5=15  4×5=20  5×5=25
1×6=6   2×6=12  3×6=18  4×6=24  5×6=30  6×6=36
1×7=7   2×7=14  3×7=21  4×7=28  5×7=35  6×7=42  7×7=49
1×8=8   2×8=16  3×8=24  4×8=32  5×8=40  6×8=48  7×8=56  8×8=64
1×9=9   2×9=18  3×9=27  4×9=36  5×9=45  6×9=54  7×9=63  8×9=72  9×9=81
```

九九乘法口诀表看上去比较复杂，其实仔细分析可知，它具有很强的规律性。首先把每个等式看成一个整体——例如把它看成"*"，那么实际上是输出一个等腰直角三角形，如例3-20所示。

再来分析它的每一个等式。例如"2×6=12"由两部分构成，一部分是"×"和"="，这是不变的。另一部分"2""6""12"是变化的，其中"6"与它所在的行号相同，且同一行中所有等式的这个值都相同；"12"是"2×6"的结果，如果能确定"2"，就能确定"12"；而"2"恰好是这个等式在本行中的序号。这样一来，三个变量与行号、序号的关系就确定了。根据这个关系，不难写出下面的程序。

```
for i in range(1,10):
    for j in range(1,i+1):
        print(f"{j}×{i}={i*j:<2d}",end=" ")
    print()
```

习题

1、输入三个浮点数，分别表示三角形的三条边长a、b、c，利用海伦公式求三角形的面积。$s=\sqrt{p(p-a)(p-b)(p-c)}$，其中$p=(a+b+c)/2$。注意：要判断a、b、c能否组成一个三角形，结果保留两位小数。

2、输入三个浮点数a、b、c，分别表示一元二次方程$ax^2+bx+c=0$的三个系数，利用求根公式求方程的两个解，结果保留两位小数。注意要判断Δ的情况。

3、某省的城市居民水费按照阶梯水费计价，第一阶梯水价为2.80元/立方米，用水量为0～15立方米/月；第二阶梯水价为4.20元/立方米，用水量为15～25立方米/月；第三阶梯水价为5.60元/立方米，用水量大于25立方米/月。假定用水量均为正整数，计算不同用水量对应的电价，结果保留两位小数。

4、输入一个正整数 n，输出1～n 的所有完全平方数。

5、输出所有0～1000的水仙花数。水仙花数是指一个三位数，它的每位数字的3次幂之和等于它本身，例如 $153=1^3+5^3+3^3$。

6、输入一个正整数 n，求 $1!+2!+\cdots+n!$。

7、输入一个正整数 n，输出2～n 的所有质数。

8、输入一个正整数 n（$n \leqslant 20$），输出如下所示的由 n 行"*"组成的等腰三角形。

9、利用莱布尼茨级数可以求圆周率，公式如下。

$$\frac{\pi}{4} = 1 - \frac{1}{3} + \frac{1}{5} - \frac{1}{7} + \frac{1}{9} \cdots$$

输入一个正整数 n，求前 n 项之和，并算出 π 的值，结果保留7位小数。

这个公式还可以优化成：

$$\frac{\pi}{4} = \left(\frac{1}{2} + \frac{1}{3}\right) - \frac{1}{3}\left(\frac{1}{2^3} + \frac{1}{3^3}\right) + \frac{1}{5}\left(\frac{1}{2^5} + \frac{1}{3^5}\right) \cdots$$

用它来求圆周率，并与前面的公式比较收敛速度。

第 **4** 章
字符串

字符串是现代编程语言最常处理的数据类型之一，可以毫不夸张地说，一门语言处理字符串的方便程度与运行效率决定了这门语言的流行程度。Python为处理字符串提供了一系列运算符和函数，大大简化了用户处理字符串的烦琐程度，提升了编程效率。本章将一一介绍字符串的编码、创建、索引、切片、常见函数等知识。

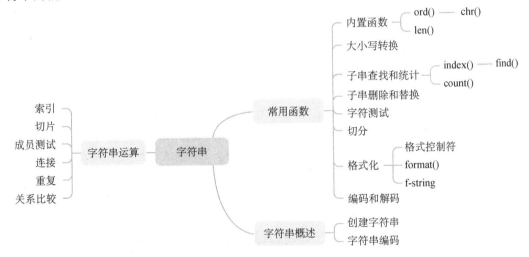

4.1 字符串概述

字符串是一些字符的顺序组合。在Python中，字符串是内置的str对象，它属于序列类型，同时也是不可变类型。字符串一旦被创建，它所包含的字符是不可更改的。虽然Python提供了大量字符串操作方法和函数，但并没有提供任何可以增加、删除、修改字符的操作方法和函数。有些操作表面上看改变了单个字符，其实产生了新字符串，原字符串并没有发生变化，这一点非常重要，读者务必要牢记。

4.1.1 创建字符串

Python中的字符串使用一对单引号或双引号或三引号作为界定符。注意：界定符本身并不属于字符串。其中，单引号和双引号作为界定符没有任何区别；三引号作为界定符，允许其内部的字符串包含换行符。

创建字符串最简单的方法就是用界定符将一些字符包裹起来。除此之外，Python提供了大量函数来创建字符串，例如 str()、input()等。字符串内部的字符既可以是中文字符，也可以是英文字符。

【例4-1】字符串的创建

```
>>>s1='hello world'
>>>s2="good morning"
>>>s3='''xiangtan                        #多行字符串
university'''
>>>s4=str('这是中文字符串')               #创建一个新字符串
>>>s5=input()                             #这个函数会返回一个字符串
这是输入的中文字符串
>>>s6="I'm a boy"                         #如果字符串内部有单引号，界定符就要用双引号
>>>s7=bin(1234)                           #bin()函数返回的也是字符串
>>>s7
'0b10011010010'
```

4.1.2　字符串编码

字符在计算机内部保存时需要转换成整数才能存储，由于计算机只"认识"二进制数，因此要求每个字符有一个唯一的编码。字符编码有很多规范，最早广泛采用的是 ASCII 编码，它由美国国家标准学会制定，是一种标准的单字节编码方案，即每个字符由一个字节的编码表示。0～127编码值称为基本 ASCII 编码，128～255编码值称为扩展 ASCII 编码。所有英文字符以及常用字符都对应基本 ASCII 编码。

汉字字符远多于256个，如果采用单字节编码，无法保证每个汉字都有唯一编码。所以全国信息技术标准化技术委员会公布了汉字的编码方案，早期编码方案是 GB 2312，后来又扩充为 GBK，它们都用两个字节为一个汉字编码。在 GBK 编码中，英文字符仍然由一个字节表示。GBK 编码为了保证和 ASCII 编码的兼容性，剔除了所有基本 ASCII 编码的码位，实际使用了23940个码位。当 GBK 编码和 ASCII 编码混用时，由于 GBK 编码与扩展 ASCII 编码采用了同样的码位，因此可能会出现中文乱码问题。

国际标准化组织制定了 Unicode 编码，也称为万国码。它规定每个字符都必须用两个字节编码，为全世界每种语言的每个字符设定了唯一的二进制编码，以满足跨语言、跨平台进行文本处理的要求。Unicode 编码完全兼容 ASCII 编码，不会出现乱码问题，但与 GBK 编码是两套完全不同的编码，需要进行转换。

Python 规定，所有字符串在内存中都采用 Unicode 编码。

尽管 Unicode 编码使用起来很方便，但也存在一个问题，它的所有字符都用两个字节编码。对于英文字符来说，两个字节中的高字节是0，完全被浪费了。为了解决这个问题，人们又提出了 UTF-8 编码，这种编码将 Unicode 编码从定长编码改成了非定长编码。它规定基本的 ASCII 编码字符用一个字节编码；带有变音符号的拉丁字母、希腊字母、阿拉伯字母则需要两个字节；其他语言的字符（包括中日韩文字、东南亚文字、中东文字等）包含了大部分常用字，使用三个字节编码；剩余的其他文字采用四个字节编码。

通常情况下，UTF-8 编码比 Unicode 编码需要更少的存储空间，两者之间存在简单的一一映射关系，转换起来非常方便，因此被广泛使用。

Python规定，所有源代码都默认采用UTF-8编码。

在字符串中，可能有一些字符无法直接表示出来，例如以双引号为界定符的字符串中又出现了双引号，会导致解析出错；换行符、退格符等特殊符号无法直接写在字符串中。为了解决这个问题，Python引入了转义字符。转义字符是以"\"开头，后面跟一个或多个普通字符来表达特殊含义的字符，例如用"\n"表示换行符，用"\f"表示换页符等。

4.2　字符串运算

Python提供了两类字符串操作方法，一类是通过运算符进行操作，另一类是通过函数进行操作。虽然运算符是操作字符串的，但是由于字符串在Python中属于序列类型，具有很强的共性，所以这些运算符也可以用于其他序列类型（例如元组、列表等）。

4.2.1　索引

字符串中的每个字符都有唯一的位置，通过位置编号可以访问字符串中的任意字符，这个位置编号称为索引值。

Python有两套索引系统。一套是从前往后的正向索引，第一个字符的索引值是0，**最后一个字符的索引值是n-1**（n是字符串的长度）。另一套索引是从后往前的逆向索引，最后一个字符的索引值是-1，**第一个字符的索引值是-n**（n是字符串的长度），字符串"hello World"的索引值如表4-1所示。

表 4-1　字符串"hello World"的索引值

正向索引值	0	1	2	3	4	5	6	7	8	9	10
逆向索引值	−11	−10	−9	−8	−7	−6	−5	−4	−3	−2	−1

要通过索引值访问某个字符，还需要用到Python中的运算符"[ ]"，它的使用方式如下。

```
字符串名称[索引值]
```

通过索引运算，我们可以根据需要访问字符串中的任意字符，而且访问所有字符所花费的时间是完全相同的，也就是说访问第一个字符和访问最后一个字符花费的时间相同，这个特性称为随机访问。

【例4-2】利用索引遍历字符串

```
s=input("请输入一个字符串：")

for i in range(0, len(s)):          #正向遍历输出

    print(s[i], end=" ")

print()

for i in range(-1,-len(s)-1,-1):    #逆向遍历输出

    print(s[i], end=" ")
```

例4-2通过控制索引变量i实现字符串的正向或逆向遍历，还用到了一个内置函数 len()，它用来求字符串的长度。程序运行结果如下。

```
请输入一个字符串：hello world
h e l l o   w o r l d
d l r o w   o l l e h
```

这里的索引值必须是整数，可以是常量、变量、表达式；其次，索引值不能超出字符串的索引值范围，否则会引发异常，导致程序异常终止。

【例4-3】错误使用索引值

```
>>>s="hello world"
>>>s[1.0]                          #索引值不能为浮点数
Traceback (most recent call last):
    File "<pyshell>", line 1, in <module>
TypeError: string indices must be integers
>>>s[12]                           #索引值越界
Traceback (most recent call last):
    File "<pyshell>", line 1, in <module>
IndexError: string index out of range
```

第一个错误是索引值为浮点数，这种错误往往发生在使用表达式作为索引值的情况下，例如15/3的结果是5.0而不是5，初学者一定要注意。

4.2.2 切片

在很多情况下，处理字符串时需要一次性处理其中的若干字符（子串）。Python 提供了切片运算。利用切片运算，可以截取指定长度以及间隔距离的子串，切片运算的基本形式如下。

```
字符串名称[start:end:step]
```

切片运算的基本规则如下。

• start：切片开始的位置，这个位置的字符包含在切片里。start 省略时表示从第一个字符开始切片；其后的冒号（":"）不能省略。

• end：切片结束的位置，这个位置的字符不包含在切片里。也就是说，切片的结果是"左闭右开"的（[start, end)）。end省略时表示在最后一个字符处结束。如果end省略而其后的step没有省略，前后的冒号均不能省略。

• step：切片的步长，默认值是1，表示依次取字符。step 的值可以大于1，也可以是负数，但不能是0。

• 由于开始和结束的索引值都可以为正或负，步长也可以为正或负，所以导致切片算法极灵活又容易出错，掌握起来并不容易，下面通过一系列示例来详细讲解切片的使用方法。

【例4-4】字符串切片

为了方便读者理解和计算，这里使用的字符串示例还是"hello world"，它的各个字符的索引值已在表4-1中标记出来，读者可以对照来看。

```
>>>s="hello world"          #s[0]=s[-11]= 'h',   s[10]=s[-1]= 'd'
>>>s[:]                       #这种切片方法复制了字符串
'hello world'
>>>s[1:5]                     #取 s[1]到 s[4]，正向取
```

```
'ello'
>>>s[5:]                    #取 s[5]到最后一个，正向取
' world'
>>>s[::2]                   #取 s[0]、s[2]、s[4]、…
'hlowrd'
>>>s[0:11]                  #取 s[0]到 s[10]
'hello world'
>>>s[0:12]                  #12 超过索引值范围，所以仍然取 s[0]到 s[10]
'hello world'
>>>s[1:5:-1]                #取 s[1]到 s[4]，逆向取，所以是空串
''
>>>s[6:1:-1]                #取 s[6]到 s[2]，逆向取
'w oll'
>>>s[-9:-1:1]               #从 s[-9](也就是 s[2])取到 s[-2](也就是 s[9])，正向取
'llo worl'
>>>s[-9:-1:-1]              #从 s[-9](也就是 s[2])取到 s[-2](也就是 s[9])，逆向取，所以是空串
''
>>>s[-1:-9:-1]              #从 s[-1](也就是 s[10])取到 s[-8](也就是 s[3])，逆向取
'dlrow ol'
>>>s[::-1]                  #将整个字符串逆向取出来
'dlrow olleh'
```

从上面的例子中可以看出，负索引值比较难以理解，因此一般我们不会使用负索引值，只有在需要将字符串逆序的情况下才会使用负索引值以及负步长值。

4.2.3　成员测试

Python 提供了成员测试运算符"in"以及它的反运算符"not in"。在字符串中，可以测试是否存在某个子串，它的结果只有 True 和 False。

【例 4-5】成员测试

```
>>>s="hello world"
>>>"hello world" in s       #s 包含自身
True
>>>"world" in s
True
>>>"o" in s
True
>>>"W" in s                 #测试运算符区分大小写，大写字母"W"不在 s 中
False
>>>"hello" not in s
False
>>>"W" not in s
True
```

更多情况下，我们不仅需要知道是否包含某个子串，还需要知道子串所在的位置，这需要用查找函数，稍后会介绍。

利用"in"还可以实现字符串的遍历，例如：

```
for ch in "hello world":
    print(ch,end=" ")
```

这时"in"表示从后面的序列中取数据，而不是作为测试运算符使用。

4.2.4　连接

Python 提供了运算符"+"用于字符串的连接，它可以将两个字符串连接成一个新字符串。注意，它在连接过程中并不会添加其他字符（例如空格或回车符），也不会改变参与运算的字符串本身，只会返回一个新字符串。

【例4-6】字符串的连接

```
>>>s1="hello"
>>>s2="world"
>>>s1+s2                    #连接两个字符串
'helloworld'
>>>s1                       #s1本身并没有发生变化
'hello'
>>>s1+=s2                   #连接两个字符串，并通过赋值来改变原字符串
>>>s1
'helloworld'
>>>"good"+" morning"+" boy"  #字符串可以连续"相加"
'good morning boy'
```

除了"+"运算符，join()方法也可以实现连接，但要和元组、列表组合使用，这将在第五章介绍。

4.2.5　重复

Python 提供了乘法运算符"*"，可以实现字符串的重复，这个运算符要求参与运算的两个对象一个是正整数，另一个是字符串，但是并没有规定先后顺序。与"+"运算符相同，它也返回一个新字符串。

【例4-7】字符串的重复

```
>>>3*"good"                 # "good"重复3次
'goodgoodgood'
>>>n=4
>>>"hello"*n                # "hello"重复n次
'hellohellohellohello'
```

4.2.6　关系比较

两个字符串之间可以进行关系比较，包括相等、不相等、大于、大于等于、小于、小于等于等。

两个字符串进行比较时，会采用左对齐、依次比较编码值的方式。如果对应位置的字符相等，就继续比较下一个字符的编码值；如果不相等，则对应位置上哪个字符的编码值大，哪个字符串就大。"is"运算符比较的是两个字符串的id值是否相等，不考虑字符串的内容是否相等。

【例4-8】字符串关系比较

```
>>>s1="good morning"
>>>s2=input()
good morning
>>>s1==s2              #两个字符串的内容完全相等
True
>>>s1 is s2           #两个字符串的id值不同，所以结果为False
False
>>>s1!=s2
False
>>>s3="gooo"
>>>s1>s3              #s1的第4个字符是"d"，s3的第4个字符是"o"，"d"的编码值小于"o"的编码值
False
>>>s3>s1
True
>>>s4="Good"          #"g"的编码值大于"G"的编码值
>>>s1>s4
True
>>>s4>=s1
False
```

4.3　常用函数

Python还提供了大量字符串处理函数，以帮助用户提升编程效率，其中有些函数实现起来比较困难，所以读者有必要对这些函数有基本的了解。这些函数与运算符不同，运算符是所有序列类型通用的，而函数除内置函数之外，其他都是针对字符串设计的。

4.3.1　内置函数

在第 2 章中曾介绍过 Python 的内置函数，如 id()、len()、max()、min()、int()、ord()等，这些函数也可以用于字符串。

【例4-9】内置函数用于字符串

```
>>>s="hello world"
>>>id(s)              #求字符串的id值
50572336
>>>len(s)             #求字符串的长度
11
>>>max(s)             #求字符串中编码值最大的字符
'w'
>>>min(s)             #求字符串中编码值最小的字符
' '
>>>int("123")         #将字符串转换成十进制整数
123
>>>ord('a')           #求字符的机内编码
97
>>>ord('中')          #求汉字字符的机内编码，这里是Unicode编码
20013
>>>chr(97)            #根据编码求对应的字符
'a'
>>>chr(20013)         #根据编码求对应的中文字符，这里的编码是Unicode 编码
'中'
```

4.3.2 字母大小写转换

Python 提供了一系列大小写字母相互转换的函数，包括lower()、capitalize()、swapcase()等。与内置函数不同，这些函数属于str类的成员方法，所以使用方法有一些区别，需要用"字符串对象.方法名()"的形式。

【例4-10】字母大小写转换函数

```
>>>s1="good morning Alice"
>>>s2=s1.capitalize()      #将首字母转换成大写字母，其他字母全部转换成小写字母
>>>s2
'Good morning alice'
>>>s1                      #注意：s1自身并没有变化，下同
'good morning Alice'
>>>s1.title()             #将每个单词的首字母转换成大写字母，其他字母全部转换成小写字母
'Good Morning Alice'
>>>s1.swapcase()          #将大小写字母互换
'GOOD MORNING aLICE'
>>>s1.lower()             #将所有字母转换成小写字母
'good morning alice'
>>>s1.casefold()          #将所有字母转换成小写字母，可以处理某些语言中的特殊字符
'good morning alice'
>>>s1.upper()             #将所有字母转换成大写字母
'GOOD MORNING ALICE'
```

　　📖　严格来说，从 4.3 节开始，本书介绍的所有字符串处理函数都是 str 类的成员方法，使用形式必须是"字符串对象.方法名()"，不过为了描述方便，本书仍然称它们为"函数"，而且在描述时省略了前缀"str"。

4.3.3　子串查找和统计

　　我们可以利用"in"运算符判断子串是否存在，但是它返回的信息太少。更多时候我们需要知道子串所在的位置或出现次数，这时就需要用到 Python 提供的查找和统计函数。

　　startswith()和 endswith()函数可以用来判断字符串是否以某个子串开始和结尾，功能更强的是 find()和 index()函数，它们的说明如下。

　　● find(sub[, start[, end]])。sub 是要查找的子串，start 表示从什么位置开始查找，end 表示查找结束的位置（后两个参数可以省略，默认查找整个字符串）。如果查找成功，返回第一次出现的索引值；如果不成功，返回-1。

　　● index(sub[, start[, end]])。它的参数意义与 find()函数完全相同。不同之处在于，如果查找不成功，会抛出一个异常而不是返回-1。

　　find()和 index()函数都是从左往右找的，找到第一个就停下来。另外，rfind()和 rindex()函数是从右向左找的，找到第一个就返回。另外，Python 还提供了 count()函数来统计子串出现的次数。

【例 4-11】子串查找与统计

```
>>>s="good morning Alice"
>>>s.startswith("goo")        #判断是否以"goo"开始
True
>>>s.endswith("ice")          #判断是否以"ice"结尾
True
>>>s.find("mor")
5
>>>s.find("MOR")              #查找子串时会区分大小写，所以这里查找不成功
-1
>>>s.index("mor")
5
>>>s.index("Mor")             #查找不成功会抛出异常
Traceback (most recent call last):
   File "<pyshell>", line 1, in <module>
ValueError: substring not found
>>>s.rfind("i")               #从右向左找
15
>>>s.rindex("o")
6
>>>s.count("oo")              #统计"oo"出现的次数
1
>>>s.count("o")
3
```

4.3.4　子串删除和替换

查找到子串后，往往需要删除或替换子串，replace()函数可以实现这一功能，其使用形式为"replace(old, new[, count])"，其中old是字符串包含的子串；new是要替换的新子串；count表示最多替换count个子串，这个参数可以省略，如果省略则将所有old子串替换成new子串。

replace()虽然是替换函数，但可以用它来删除子串，只要将new子串写成空串即可。但在某些时候，replace()函数用起来不太方便。例如，让用户输入账号名称，用户很可能无意中在字符串前面或后面输入了几个空格，这会导致系统查找账号名称失败。在这种情况下，需要删除开头和末尾的空格，可以使用 strip()、lstrip()和rstrip()等函数。strip()函数用于删除字符串首尾指定的字符，lstrip()函数用于删除字符串开头的字符，rstrip()函数用于删除字符串末尾的字符，如果没有指定字符就默认删除空白字符。

【例4-12】子串删除与替换

```
>>>s="   good moring     "
>>>s.lstrip()              #删除开头的空格
'good moring     '
>>>s.rstrip()              #删除末尾的空格
'   good moring'
>>>s.strip()               #删除开头和末尾的空格
'good moring'
>>>s.replace(" ", "*")     #将所有空格用"*"代替
'**good*moring***'
>>>s.replace(" ","")       #将所有空格用空字符串代替，其实就是删除所有空格
'goodmoring'
```

4.3.5　字符测试

有时我们需要判断字符串包含的字符类型，例如是否是数字、小写（或大写）字母等，Python 提供了一系列"isXXXX()"形式的函数来进行字符测试。

- isalnum()：如果非空字符串中的所有字符都是字母或数字，返回 True，否则返回 False。

- isalpha()：如果非空字符串中的所有字符都是字母，返回 True，否则返回 False。

- isascii()：如果字符串为空或字符串中的所有字符都是 ASCII 编码，返回 True，否则返回 False

- isdecimal()：如果非空字符串中的所有字符都是十进制数字，返回 True，否则返回 False。

- isdigit()：如果非空字符串中的所有字符都是数字，返回 True，否则返回 False。数字包括十进制数字和需要特殊处理的数字，如上标数字。

- isnumeric()：如果字符串中至少有一个字符且所有字符均为数字，返回 True，否则返回 False，包括所有在 Unicode 编码中设置了数字属性的字符，例如"一""(一)""①""(1)"。

- isidentifier()：如果字符串是有效的 Python 标识符，返回 True，否则返回 False。

● islower()：如果字符串中至少有一个区分大小写的字符，且此类字符均为小写，返回True，否则返回False。

● isupper()：如果字符串中至少有一个区分大小写的字符，且此类字符均为大写，返回True，否则返回False。

● istitle()：如果字符串中至少有一个字符，且为标题格式的字符串，返回True，否则返回False。

● isprintable()：如果字符串中的所有字符均为可打印字符或字符串为空，返回True，否则返回False。

● isspace()：如果字符串中只有空白字符且至少有一个字符，返回True，否则返回False。

上面的大多数函数都简单易懂，唯有数字测试函数有些令人"疑惑"。isdecimal()、isdigit()、isnumeric()函数所指的"数字"各不相同，isdecimal()函数的数字种类最少，isnumeric()函数的数字种类最多。

【例4-13】数字测试

```
>>>"123１".isdecimal()          #最后一个字符是全角数字1
True
>>>"123１".isdigit()
True
>>>"123１".isnumeric()
True
>>>d='2' + '\u2077'             #定义一个上标数字
>>>d
'2⁷'
>>>d.isdecimal()
False
>>>d.isdigit()                  #根据上标数字可以看出isdecimal()与isdigit()的区别
True
>>>d.isnumeric()
True
>>>"一二三".isdecimal()
False
>>>"一二三".isdigit()
False
>>>"一二三".isnumeric()          #根据汉字数字测试可以看出isdigit()和isnumeric()的区别
True
>>>"㈠".isnumeric()
True
>>>"①".isnumeric()
True
>>>"⑴".isnumeric()
True
>>>"12.5".isnumeric()           #浮点数不满足数字测试的条件
False
```

三个数字测试函数的区别如表4-2所示。

表 4-2　三个数字测试函数的区别

	isdigit()	isdecimal()	isnumeric()
Unicode编码数字	True	True	True
全角数字（两字节）	True	True	True
浮点数	False	False	False
罗马数字	False	False	False
汉字数字	False	False	True

4.3.6　切分

有时我们要将一个长字符串切分成几个短字符串，例如将 "good morning Alice" 切分成 "good" "morning" "Alice"，就需要用到切分函数。最常用的切分函数是split()。输入多个数据时经常会使用 "input().split()"，其中input()会返回用户输入的字符串，split()会以空格为分隔符对字符串进行切分。split()函数的完整形式是：

```
split(sep=None[,maxsplit=-1])
```

这个函数返回一个由字符串组成的列表，sep 表示分隔字符串。如果指定了maxsplit，则最多进行 maxsplit 次拆分（因此列表最多有 maxsplit+1 个元素）。如果未指定 maxsplit 或为-1，则不限制拆分次数（进行所有可能的拆分）。

如果给出了sep，则连续的分隔符不会被组合在一起，而是被视为分隔空字符串（例如 '1, ,2'.split(',')将返回['1','','2']）。sep 参数可能由多个字符组成（例如'1<>2<>3'.split('<>')将返回 ['1','2','3']）。使用指定的分隔符拆分空字符串将返回只有一个空串的列表（['']）。

与split()类似的函数还有 rsplit()，它的功能是从右往左切分，切分规则与split()是完全一样的。

切分函数 partition(sep)会在 sep 首次出现的位置拆分字符串，返回一个三元组，包含分隔符之前的部分、分隔符、分隔符之后的部分。

另一个切分函数是splitlines(keepends=False)，它的功能是在行边界的位置拆分，返回由各行组成的列表，结果列表不包含行边界，除非给出 keepends 参数且为 True。这里的行边界包括回车符、换行符、文件分隔符、段分隔符等。

【例4-14】字符串切分

```
>>>s="good morning,    Alice"        #注意 "Alice" 之前有三个空格
>>>s.split()                         #无参数切分，多个空格会被当作一个空格处理
['good', 'morning,', 'Alice']
>>>s.split(" ")                      #指定空格为分隔符
['good', 'morning,', '', '', 'Alice']   #两个空格会被切分成两个空串
>>>s.split(",")                      #以逗号为分隔符
['good morning', '    Alice']        #空格会包含到切分出来的子串里
>>>s.split(maxsplit=1)               #指定最多切分一次
['good', 'morning,    Alice']        #切分成两个子串
```

```
>>>s.rsplit()                          #这种方式的切分结果与split()函数完全一样
['good', 'morning,', 'Alice']
>>>s.rsplit(maxsplit=1)                 #指定最多切分一次，注意看结果与split()函数的区别
['good morning,', 'Alice']
>>>s.partition(" ")                     #用空格做切分，空格也会作为一个字符串返回
('good', ' ', 'morning,    Alice')
>>>s="first line\n seconde line"
>>>s.splitlines()                       #在行边界的位置切分
['first line', ' seconde line']
```

4.3.7　格式化

在第 2 章我们介绍了通过print()函数格式化输出数据一共有三种方法，分别是格式控制符输出、format()函数输出、f-string方法输出，其实这三种方法本质上都是格式化一个字符串，然后再用print()函数输出这个字符串。下面简单回顾这三种方法。

【例4-15】格式化字符串

```
>>>a,b=100,200
>>>print("a=%4d, b=%4d"%(a,b))          #格式控制符输出
a= 100, b= 200
>>>fs="a=%4d, b=%4d"%(a,b)              #将print()函数中的格式化字符串直接赋给fs
>>>fs                                    #查看格式化后的fs
'a= 100, b= 200'
>>>print("a={:4d}, b={:4d}".format(a,b)) #用format()函数格式化后输出
a= 100, b= 200
>>>fs="a={:4d}, b={:4d}".format(a,b)     #保存格式化后的字符串
>>>fs
'a= 100, b= 200'
>>>print(f"a={a:4d}, b={b:4d}")          #用f-string方法格式化后输出
a= 100, b= 200
>>>fs=f"a={a:4d}, b={b:4d}"
>>>fs
'a= 100, b= 200'
```

关于各种格式控制符，这里不再介绍，读者可以温习第2章的相关内容。

Python也提供了几个功能较弱的格式化字符串函数，它们只具备单一的对齐功能，适合在特定场合下使用。

- ljust(width[,fillchar])：返回长度为width的字符串，原字符串在新字符串中靠左对齐。使用指定的fillchar填充空位（默认使用空格）。如果width小于等于len(s)则返回原字符串的副本。
- rjust(width[,fillchar])：与ljust()函数的功能基本相同，原字符串在新字符串中靠右对齐。
- center(width[,fillchar])：与ljust()函数的功能基本相同，原字符串在新字符串中居中对齐。

【例 4-16】字符串对齐

```
>>>s="left"
>>>s.ljust(10,"*")
'left******'
>>>s="right"
>>>s.rjust(10,"*")
'*****right'
>>>s="center"
>>>s.center(10,"*")
'**center**'
```

4.3.8 编码和解码

Python 中的字符串以 Unicode 编码的形式保存在内存中，可以用 ord() 函数查看任意字符的编码，也可以用 chr() 函数将符合规则的编码转换为对应的字符。

有时，程序需要处理外部文本文件，这些文本文件的编码方式一般不是 Unicode 编码，而可能是 UTF-8 编码或 GBK 编码，这样在处理这些文件时存在编码转换的步骤。多数情况下，系统会自动进行转换，但也可能错误识别编码导致转换出错；这时就需要用户自行编写程序来处理编码转换问题。

Python 提供了 bytes 类型的字符串作为中间桥梁来处理编码转换问题。与 str 类型不同，bytes 类型的字符串可以由用户自行指定编码方式。下面介绍相关的两个函数。

- str.encode(encoding='utf-8'[,errors='strict'])：encode() 函数的作用是对当前的 str 对象进行编码转换，返回值是 bytes 类型。其中 encoding 参数的默认值是 utf-8，出错时会默认抛出 ValueError 异常。

- bytes.decode(encoding='utf-8'[,errors='strict'])：decode() 函数的作用是对当前的 bytes 对象进行编码转换，返回值是 str 类型。其中 encoding 参数的默认值是 utf-8，出错时会默认抛出 ValueError 异常。

要强调的是，bytes 对象是由单个字节构成的不可变序列，它的每个字节只能保存 ASCII 编码（无论源代码声明的为何种编码）。任何超出 127 的二进制数必须使用相应的转义序列存入 bytes 对象中。

【例 4-17】字符串编码和解码

```
>>>rs="中文测试"
>>>bs=rs.encode()              #用默认的 UTF-8 编码方式对中文字符串进行编码转换
>>>type(bs)                    #bs 是 bytes 类型
<class 'bytes'>
>>>bs                          #bs 保存了"中文测试"四个字对应的 UTF-8 编码
b'\xe4\xb8\xad\xe6\x96\x87\xe6\xb5\x8b\xe8\xaf\x95'
>>>len(bs)                     #bs 的长度是 12，每个汉字占 3 个字节
12
>>>gs=rs.encode(encoding="gbk") #用 GBK 编码方式进行编码转换
>>>type(gs)                    #gs 仍然是 bytes 类型
```

```
<class 'bytes'>
>>>gs                                    #gs 保存的是 GBK 编码
b'\xd6\xd0\xce\xc4\xb2\xe2\xca\xd4'
>>>len(gs)                               #gs 的长度是 8，每个汉字占两个字节
8
>>>s1=bs.decode()                        #将 UTF-8 编码的字符串解码成 str 类型
>>>s1
'中文测试'
>>>s2=gs.decode()                        #将 GBK 编码的字符串解码，这里用了默认的 UTF-8 编码方式，所以会出错
Traceback (most recent call last):
    File "<pyshell>", line 1, in <module>
UnicodeDecodeError: 'utf-8' codec can't decode byte 0xd6 in position 0: invalid continuation byte
>>>s2=gs.decode(encoding="gbk")          #指定用 GBK 编码方式解码
>>>s2                                    #现在能正常解码了
'中文测试'
```

　　中文的编码转换问题是用户在实际编程中最常见也最棘手的问题之一，读者务必要多实践，才能在编程中理解编码和解码的内部原理。

4.4　综合示例

【例4-18】回文数

　　如果一个整数的正序数字和逆序数字完全一样，就称为回文数。例如123321、14741、252都是回文数。用户输入一个整数 n，要求输出1～n的所有回文数。

　　这个问题的解决思路是判断一个整数的逆序数字是否等于它的正序数字。字符串的逆序操作用切片（[::-1]）就可以实现，大大简化了程序。

```
n=int(input("请输入一个整数："))
for i in range(1,n+1):
    s=str(i)                             #将整数转换为字符串
    if s==s[::-1]:                       #利用切片判断正序数字和逆序数字是否相等，即是否为回文数
        print(i, end=" ")
```

【例4-19】屏蔽敏感信息

　　某些数据涉及用户的隐私，在展示时需要将其中一部分屏蔽。例如用户的身份证号码、手机号码等，中间的某些位置要替换为"*"。例如，需要将手机号码13107441591的第4～7位屏蔽，变成131****1591。请编程将用户输入的手机号码的中间4位数字屏蔽再输出。

　　这个问题似乎要用replace()函数来解决：用"****"代替中间4位数字。但这种思路是错误的，因为replace()函数需要指定原来的子串，而用户输入的手机号码的中间4位数字是变化的，所以不能用这种方法。Python并没有提供指定位置的子串替换函数。

　　解决方案仍然是利用切片。利用切片将字符串分成3段，第一段是前3个字符，第二段是中间4个字符，第3段是最后4个字符。将中间4个字符用"****"替换然后拼接起来。这里不考虑输入出错的情况，示例程序如下。

```
tel=input("请输入手机号码：")
s1=tel[:3]                    #取前3个字符
s2=tel[-4:]                   #取最后4个字符
print(s1+"****"+s2)
```

运行情况如下。

```
请输入手机号码：13114785632
131****5632
```

【例4-20】提取身份证号码中的出生日期

我国居民身份证号码有18位，每个人都有唯一的编码，其中第1～6位是所属的省、市、区县编码，第7～10位是出生年份，第11～12位是出生月份，第13～14位是出生日期，第15～17位是顺序码，第18位是校验码。现由用户输入一个身份证号码，输出出生的年份、月份、日期。

```
id=input("请输入身份证号码：")
year=int(id[6:10])            #切片时要注意索引值"左闭右开"
month=int(id[10:12])
day=int(id[12:14])
print(f"出生于{year}年{month}月{day}日")
```

以下是运行结果。

```
请输入身份证号码：43010520030217051X
出生于2003年2月17日
```

由以上几个例子可以看出，用好切片可以大大简化程序。

【例4-21】网络协议检验

人们利用浏览器上网时，需要在浏览器的地址栏中输入以"http://"或"https://"开头的网址，前者代表普通的明文传输协议，后者代表加密传输协议。如果不是以这两个前缀开头的，说明网址有误。请编写代码，检验用户输入的网址是否符合上述规则，并输出判断结果。

这个问题可以用切片来解决，但稍显麻烦，因为两个协议的长度不一样。用前缀函数startswith()截取子串更简单。程序示例如下。

```
url=input("请输入网址：")
if url.startswith("http://"):
    print("这是明文传输协议")
elif url.startswith("https://"):
    print("这是加密传输协议")
else:
    print("输入的网址有误")
```

运行情况如下。

```
>>>%Run '网址协议.py'
请输入网址：http://www.163.com
这是明文传输协议
>>>%Run '网址协议.py'
请输入网址：https://www.baidu.com
```

```
这是加密传输协议
>>>%Run '网址协议.py'
请输入网址：htt://www.sina.com
输入的网址有误
```

【例 4-22】字符类别统计

用户输入一个由 ASCII 编码组成的字符串，将其中的字符分为四类：数字、英文字母（含大小写）、标点符号以及其他字符，请统计每一类字符的数量。

要判断一个字符所属的种类，传统的方法是判断这个字符的 ASCII 编码所属的区间，例如要判断字符"ch"是否属于英文字母，可以用"65<=ord(ch)<=90 or 97<=ord(ch)<=122"，但这种方法比较烦琐，也容易出错。Python 提供了字符串常量，使用起来更简单，字符串常量如表 4-3 所示。

表 4-3　字符串常量

字符串常量	含义
string.ascii_letters	string.ascii_lowercase 和 string.ascii_uppercase 常量的集合
string.ascii_lowercase	小写字母的集合
string.ascii_uppercase	大写字母的集合
string.digits	字符串"0123456789"
string.hexdigits	字符串"0123456789abcdefABCDEF"
string.octdigits	字符串"01234567"
string.punctuation	标点符号的 ASCII 编码组成的字符串
string.printable	可打印符号的 ASCII 编码组成的字符串
string.whitespace	空白符号的 ASCII 编码组成的字符串

有了这些字符串常量，只需要判断字符是否属于某个字符串常量就可以进行统计。这些字符串常量都属于 string 库，所以使用之前需要先引入 string 库。

```
import string                                  #引入 string 库
s=input("请输入字符串：")
letter_cnt=digit_cnt=punc_cnt=other_cnt=0      #4 个计数器对应 4 种类型
for char in s:                                 #逐个判断所属类型
    if char in string.ascii_letters:           #判断字符所属类型
        letter_cnt += 1
    elif char in string.digits:
        digit_cnt += 1
    elif char in string.punctuation:
        punc_cnt += 1
    else:
        other_cnt += 1
print(f"英文字母有{letter_cnt}个，数字有{digit_cnt}个, \      #用"\"续行
    标点符号有{punc_cnt}个，其他字符有{other_cnt}个")
```

读者可以试着把这个程序改成索引形式以及区间判断形式，并比较这两种编程方式的区别。

【例4-23】输出等腰三角形

根据用户指定的行数，输出一个如下所示的等腰三角形。

```
       *
      ***
     *****
    *******
   *********
  ***********
 *************
```

我们在第 3 章遇到过类似的问题，当时的方法是采用双重循环，外层循环控制行数，内层循环控制当前行应该输出的"*"数量以及前导空格。其实Python解决这个问题有个简单的方法：利用字符串重复运算符来控制每一行的"*"数量。示例程序如下。

```python
n=int(input("请输入行数："))
for i in range(1,n+1):
    space=" " * (n-i)              #生成前导空格
    stars="*" * (2*i-1)            #生成每一行的"*"
    print(space+stars)
```

【例4-24】输出汉字的编码

有时需要查询汉字的编码，包括它的Unicode编码、UTF-8 编码以及GBK 编码，以前需要专门的工具来完成这一任务。有了 Python 中的字符串编码和解码函数，可以用几行代码实现这一功能。

```python
word=input("请输入一个汉字：")
gbk_code=word.encode(encoding='gbk')        #转换成 GBK 编码
utf_code=word.encode(encoding='utf-8')      #转换成 UTF-8 编码
print('Unicode编码：',hex(ord(word)))        #word 是 Unicode 编码，直接用 16 进制数输出
#GBK 编码的 bytes 对象有两个字节，分别转换成 16 进制数输出
print('GBK编码：', hex(gbk_code[0]), hex(gbk_code[1])[-2:], sep="")
#UTF-8 编码的 bytes 对象的字节数不固定，需要用循环来输出每个 16 进制数
print('UTF-8 编码：0x', end="")
for data in utf_code:
    print(hex(data)[-2:], end="")
```

某次运行情况如下。

```
>>>%Run '输出汉字各种编码.py'
请输入一个汉字：汉
Unicode编码： 0x6c49
GBK编码：0Xbaba
UTF-8 编码：0xe6b189
>>>%Run '输出汉字各种编码.py'
请输入一个汉字：字
Unicode编码： 0x5b57
GBK编码：0xd7d6
UTF-8 编码：0xe5ad97
```

读者可以使用专业的汉字编码工具验证以上程序的正确性。不过要提醒一下，本书编者在网上搜索到的很多在线编码查询网站会错误地将 Unicode 编码当作 UTF-8 编码，这个错误很好辨别——Unicode 编码有两个字节，而汉字的 UTF-8 编码至少有三个字节。

习题

1、例 4-24 输出 16 进制数时，英文字母均为小写，请将其全部改成大写字母再输出。

2、身份证号码检验。用户输入身份证号码时可能会出错，例如输入的不是 18 位、前 17 位有非数字字符等。请编程对其进行检验，要求至少能检验出以下三种错误：

① 长度不是 18 位；

② 前 17 位中存在非数字字符；

③ 最后 1 位既不是数字，也不是字母"X"或"x"。

如果不存在错误，输出"YES"，否则输出"NO"。

3、日期合法性检验。用户输入一个形如"年-月-日"的字符串，例如"2023-1-9"，请编程检验其合法性，例如"2023-2-30"就是非法的日期。如果合法则输出"True"，否则输出"False"。

4、IP 地址合法性检验。合法的 IP 地址由"."分隔成 4 段整数，例如"192.168.1.100"，其中每个整数都位于 0～255 之间，如果不符合这个规则，输出"False"，IP 地址合法则输出"True"。

5、判断密码强度。用户输入一个字符串作为密码，一个好的密码要求长度不小于 8，且至少包含英文字母、数字、标点符号以及其他符号中的 3 种。如果符合这个规则，输出"good"，否则输出"weak"。

6、用户输入一个以空格分隔的英文字符串，去掉所有空格，拼接成一个新字符串并输出。

7、进制转换。输入一个十进制整数以及需要转换的进制（这里只考虑 2 进制、8 进制和 16 进制），将这个整数转换成对应进制的数并输出，输出时不需要前导的"0b""0o"和"0x"（英文字母请全部转换成大写字母）。

8、输入一个整数，求它的各位数字之和。例如输入"159"，应输出 15。如果输入的整数是负数，则直接用它的绝对值求和。

9、姓名的汉语拼音规范化。有些姓名的拼音是以"名 姓"的方式拼写的，例如"刘永峰"拼写为"YongFeng liu"，现在将其按照下面的规则规范化：①姓的拼音在前，名的拼音在后；②每个拼音只需要首字母大写。例如"刘永峰"应拼写为"Liu Yongfeng"。

10、输入一个英文字符串，将偶数位的字符拼接成一个新字符串，全部转换成大写字母并输出。例如输入"good morning"，应输出"ODMRIG"。

11、恺撒密码是一种最简单且最广为人知的加密技术。它是一种替换加密的技术，明文中的所有字母（无论大小写）都在字母表上向后（或向前）按照固定数量进行偏移后被替换成密文。例如，当偏移量是 3 时，字母 A 被替换成 D，B 被替换成 E，以此类推；而 X、Y、Z 则被替换成 A、B、C。非英文字母不进行替换。请编写程序完成恺撒密码的加密和解密过程（假定加密过程是向后偏移 3 位）。

第 5 章
元组

元组也是序列类型之一，而且也是不可变类型。它的很多操作与字符串类似，第 4 章介绍的知识可以迁移到本章来。

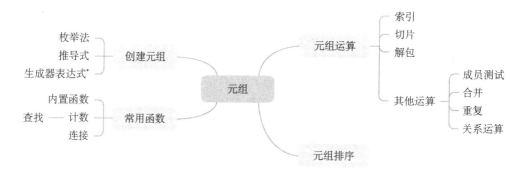

5.1 创建元组

Python 中的元组是一些存放在圆括号中的数据集合。在 Python 中，元组是内置的 tuple 对象，属于序列类型，也是不可变类型。元组一旦被创建，它所包含的数据是不可更改的。虽然 Python 提供了一系列元组操作方法和函数，但是并没有提供可以增加、删除、修改数据的操作方法和函数。

5.1.1 枚举法

Python 中的元组使用圆括号将若干数据包裹起来，数据之间用逗号隔开，这些数据称为元素。元素可以是同构的，也就是说所有元素都是相同的数据类型；也可以是异构的，例如一些元素是字符串，另一些元素是整数，甚至可以是元组、列表、字典等。元组中可以没有任何元素，这时是空元组。

创建元组最简单也最基本的方法是用圆括号将一些数据包裹起来。另外，Python 也提供了内置函数来创建元组，例如 tuple() 函数可以将任意序列类型转换为元组。

【例5-1】创建元组

```
>>>tp=(1,2,3)              #创建一个元组，它有 3 个元素
>>>tp                       #显示其中的数据
(1, 2, 3)
```

```
>>>tp=tuple("good")        #利用tuple()函数将字符串转换为元组，这里的参数可以是任意序列类型
>>>tp
('g', 'o', 'o', 'd')
>>>tp=("Alice",95)         #创建一个混合类型的元组
>>>tp
('Alice', 95)
>>>tp=()                   #创建空元组
>>>type(tp)
<class 'tuple'>
>>>tp=tuple()             #创建空元组
>>>tp
()
>>>tp=(1,)                #如果元组中只有一个元素，后面的逗号不能省略
>>>tp
(1,)
>>>type(tp)
<class 'tuple'>
>>>tp=(1)                 #创建的不是元组，而是一个整数，外面的圆括号被当成了运算符
>>>tp
1
>>>type(tp)
<class 'int'>
```

在例 5-1 中，元组中的元素是常量，Python 也允许使用变量来组成元组。但是这些变量只用于过渡，实际放入元组中的元素是这些变量的值。

【例5-2】将变量作为元组的元素

```
>>>a,b=1,2
>>>tp=(a,b)               #将a、b放入元组中
>>>tp                     #元组中的元素并不是a和b，而是它们的值
(1, 2)
>>>a=3                    #改变a的值
>>>tp                     #tp不变
(1, 2)
```

元组中的元素还可以是可变数据类型，例如列表或集合。

5.1.2 推导式

5.1.1 节介绍的方法是枚举法创建元组，当元组中的元素比较多时采用这种方法就不大合适了。例如，元组的元素是 1～100000 的所有整数，要一一列举几乎不可能。由于元组是不可变类型，无法用循环结构一个个把元素添加进去，因此 Python 提供了推导式，可以利用循环结构一次性生成元组中的所有元素。元组推导式的基本格式如下。

```
tuple(expression for elem in sequence)
```

在元组推导式中，括号中的部分是一个循环语句，它负责在序列（这个序列可以是列表、

集合、字典、字符串等）中依次取出数据放在 elem 中；expression 是任意合法的表达式，多数情况下它是一个关于 elem 的函数 f(elem)，当然也可以是 elem 自身，元组中的元素就是由这些 f(elem) 的值组成的。元组推导式还有一个更复杂的形式：

```
tuple(expression for elem in sequence if condition)
```

if condition 表示只有满足某个条件时才将 expression 的值放入元组中。

【例5-3】元组推导式

```
>>>tp=tuple(x for x in range(10))
>>>type(tp)
<class 'tuple'>
>>>tp
(0, 1, 2, 3, 4, 5, 6, 7, 8, 9)
>>>tp=tuple(x*x for x in range(10))
>>>tp
(0, 1, 4, 9, 16, 25, 36, 49, 64, 81)
>>>tp=tuple(x*x for x in range(10) if x%2==0)    #生成偶数的平方组成的元组
>>>tp
(0, 4, 16, 36, 64)
```

例 5-3 中的 f(elem) 比较简单，其实元组支持更复杂的自定义函数（自定义函数将在第 9 章中介绍）。

5.1.3*　生成器表达式

在元组推导式中，tuple() 函数是必不可少的，它会返回一个生成的元组。如果去掉 tuple() 函数，只保留圆括号以及里面的表达式，就变成：

```
(expression for elem in sequence)
```

或

```
(expression for elem in sequence if condition)
```

这时返回的不再是一个元组，而是一个生成器表达式。生成器表达式本质上是 generator 类型的对象，它并不会立即把所有元素的值求出来保存在某个地方，而仅仅保存这个表达式本身。当程序需要用到元素的值时，再利用表达式把值求出来，这个过程叫作**惰性求值**。而且这个求值过程只能运行一次，如果需要多次使用值，只能用序列类型自行保存。

【例5-4】生成器表达式

```
>>>gt=(x    for x in range(10))          #创建一个生成器表达式
>>>type(gt)                              #显示它的类型
<class 'generator'>
>>>gt
<generator object <genexpr> at 0x0000000003A33840>
>>>for elem in gt:                       #利用循环结构输出生成器表达式中的元素值
    print(elem,end=" ")
0 1 2 3 4 5 6 7 8 9
>>>for elem in gt:                       #再输出一次，它是空的
```

```
        print(elem,end=" ")                          #这里的输出是空的
>>>gt=(x    for x in range(10))                      #重新创建一次
>>>tp=tuple(gt)                                       #利用元组保存序列中的元素值
>>>tp
(0, 1, 2, 3, 4, 5, 6, 7, 8, 9)
>>>sp=tuple(gt)                                       #再创建一次元组，然而它是空的
>>>sp
()
```

使用生成器表达式的好处在于，惰性求值只在需要时才运行，且只使用一次，既可以节省空间，又可以节省创建时间。如果要多次使用其中的值，请务必使用序列类型保存元素值。

无论是元组推导式还是生成器表达式，其中的循环结构都可以写得更复杂一些，Python 是允许使用双重循环甚至多重循环的。

5.2 元组运算

5.2.1 索引

元组的索引和字符串的索引完全一致，也有从前向后的正向索引以及从后向前的逆向索引，也有随机访问特性，它的所有要求与字符串索引一致，这里不再赘述。

本书前面的示例程序往往需要在命令行中输入数据，数据量比较多时会显得比较烦琐。能不能让程序自己产生数据呢？答案是肯定的，即使用 random 库中的函数。

random 库中有很多可以产生随机数的函数，其中最重要的两个是 random() 函数和 randint() 函数。random() 函数能产生 0~1 之间均匀分布的浮点数，randint(start,end) 函数能产生一个 start~end 之间均匀分布的整数。

【例5-5】利用索引访问元组

```
import random                                        #引入 random 库
tp=tuple(random.randint(0,100)    for i in range(10)) #随机产生10个元素，元素值为0~100
for i in range(len(tp)):                             #正向遍历元组
    print(f"{tp[i]:4d}", end=" ")
print()
for i in range(-1,-len(tp)-1, -1):                   #逆向遍历元组
    print(f"{tp[i]:4d}", end=" ")
```

某次运行情况如下。

36	69	62	5	2	24	43	2	15	15
15	15	2	43	24	2	5	62	69	36

5.2.2 切片

元组与字符串一样，也可以进行切片运算，可以截取指定长度以及指定间隔距离的数据，切片运算的基本形式如下。

```
tuple_name[start: end: step]
```

其规则与字符串的切片完全一致，下面举几个例子说明。

【例5-6】元组切片

```
>>>tp=tuple(x for x in range(10))
>>>tp[::]                          #取全部元素
(0, 1, 2, 3, 4, 5, 6, 7, 8, 9)
>>>tp[1:5]                         #取索引值为1~4的元素
(1, 2, 3, 4)
>>>tp[:5]                          #取开始的5个元素
(0, 1, 2, 3, 4)
>>>tp[5:]                          #取末尾的5个元素
(5, 6, 7, 8, 9)
>>>tp[::2]                         #取所有索引值为偶数的元素
(0, 2, 4, 6, 8)
>>>tp[-1:-5:-1]                    #逆向取最后4个元素
(9, 8, 7, 6)
>>>tp[::-1]                        #逆向取所有元素
(9, 8, 7, 6, 5, 4, 3, 2, 1, 0)
```

5.2.3 解包

为了将容器中的元素赋给不同的变量，可以在赋值号左边用等于元素数量或更少的变量来关联容器中的元素，这种赋值语句称作解包。Python 中的解包都是自动完成的，所有容器类型都支持解包操作，但实际编程时只有元组和列表才会使用解包操作。

在 Python 中，解包操作主要使用三个符号，即赋值号 "=" 和解包符 "*""**"，其中 "**" 主要用于函数参数传递和字典解包，本节主要介绍 "=" 和 "*"。

【例5-7】解包操作

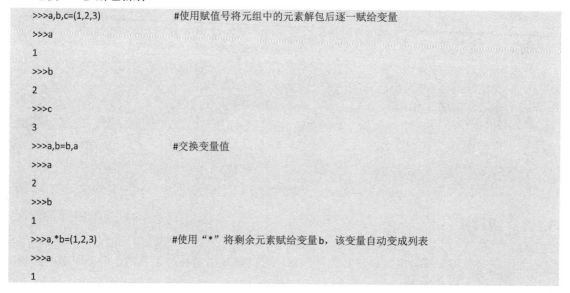

```
>>>a,b,c=(1,2,3)                   #使用赋值号将元组中的元素解包后逐一赋给变量
>>>a
1
>>>b
2
>>>c
3
>>>a,b=b,a                         #交换变量值
>>>a
2
>>>b
1
>>>a,*b=(1,2,3)                    #使用"*"将剩余元素赋给变量b，该变量自动变成列表
>>>a
1
```

```
>>>b                        #b 是一个列表，存储了除第一个元素之外的所有元素
[2, 3]
>>>a,*b,c=(1,2,3,4)
>>>a
1
>>>b
[2, 3]
>>>c
4
>>>tp=(1,2,3,4)
>>>print(tp)                #采用这种方式可以整体输出元组
(1, 2, 3, 4)
>>>print(*tp)               #这里的"*"也是解包操作，输出的是单个元素而非元组整体
1 2 3 4
```

5.2.4　其他运算

元组的其他运算包括成员测试（in 和 not in）、合并（+）、重复（*）以及关系运算，除了关系运算，大多数运算与字符串运算的含义相同，这里只做简单介绍。

【例5-8】元组运算

```
>>>tp1=(1,2,3)
>>>1 in tp1                 #成员测试，只支持单个元素的测试
True
>>>4 not in tp1
True
>>>tp2=tuple(x for x in range(1,4))
>>>tp2
(1, 2, 3)
>>>tp1+tp2                  #合并两个元组
(1, 2, 3, 1, 2, 3)
>>>tp1*3                    #重复运算
(1, 2, 3, 1, 2, 3, 1, 2, 3)
```

元组关系运算的含义如下。

● tp1==tp2：判断元组 tp1 和 tp2 对应位置的元素是否完全相等，如果相等则返回 True，否则返回 False。tp1!=tp2 返回的结果则相反。

● tp1<tp2、tp1<=tp2、tp1>tp2、tp1>=tp2：判断元组 tp1 和 tp2 的大小，按照左对齐的方式从第一个元素开始比较，如果相等则比较第二个元素，直到至少有一个元组比较完毕；如果不相等，则根据元素值的大小获得比较结果。

【例5-9】元组关系运算

```
>>>tp1=(1,2,3)
>>>tp2=tuple(x for x in range(1,4))
```

```
>>>tp1==tp2                    #两个元组的元素及其顺序都相同
True
>>>tp1 is tp2                  #is 运算符会判断两个元组的id值是否相同
False
>>>(1,2,3)==(3,2,1)            #元素顺序不同，不相等
False
>>>(1,2)<(3,2,1)              #1比3小
True
>>>(1,2)<(1,2,3)             #对应元素都相同，但第一个元组的元素更少
True
>>>(1,2,3,4,5)<=(3,4)        #1比3小
True
>>>(2,3)>(1,2,3)            #2比1大
True
>>>(2,3,1,4)>()            #空元组小于任何非空元组
True
```

5.3 常用函数

Python 的内置函数 id()、len()、max()、min()、sum()等也可以用于元组。

【例5-10】内置函数用于元组

```
>>>tp=(1,2,3,4,5)
>>>id(tp)
50612712
>>>max(tp)
5
>>>min(tp)
1
>>>len(tp)
5
>>>sum(tp)
15
```

元组也提供了计数函数count()和查找函数index()，它们的功能和用法与字符串中的同名函数相同。

【例5-11】计数函数和查找函数

```
>>>tp=(1,2,3)*3
>>>tp
(1, 2, 3, 1, 2, 3, 1, 2, 3)
>>>tp.count(2)                 #计算2出现的次数
3
>>>tp.index(3)                 #查找3第一次出现的位置
```

```
2
>>>tp.index(2,3)                          #查找 2，从索引值为 3 的位置开始查找
4
>>>tp.index(4)                            #如果查找的元素不存在，则抛出异常
Traceback (most recent call last):
    File "<pyshell>", line 1, in <module>
ValueError: tuple.index(x): x not in tuple
```

如果元组中的元素都是字符串，将这些字符串连接起来有两种方法，一种方法是利用字符串的 "+" 运算符依次连接；另一种方法是利用 join() 函数。例 5-12 演示了这两种方法。

【例5-12】元组中字符串的连接

```
stp=("good ", "morning ", "Alice")
rs1=""
for s in stp:                             #利用字符串的 "+" 运算符依次连接
    rs1 += s
print(rs1)
rs2="".join(stp)                          #利用 join() 函数连接字符串
print(rs2)
```

输出结果如下。

```
good morning Alice
good morning Alice
```

很明显，第二种方法简便得多。但是要注意，不要写成 "rs2.join(stp)" 的形式，因为 join() 函数和其他字符串函数一样，并不会改变字符串本身，所以需要用赋值号接收返回值。

5.4　元组排序

Python 提供了一个非常有用的函数 sorted()，可用于元组的排序，它的形式如下。

```
sorted(iterable,/,*,[key=None[,reverse=False]])
```

各个参数的含义如下。

- iterable：一个可排序的序列，可以是元组、字符串、列表等。如果是元组和列表，那么其中的所有元素都必须是相同类型。函数会根据 iterable 中的项返回一个新序列。
- key：指定带有单个参数的函数，用于从 iterable 的每个元素中提取用于比较的键。默认值为 None（直接比较元素）。
- reverse：一个布尔值。如果为 True，则元素将降序排列（默认情况下是升序排列）。

【例5-13】元组排序

```
import random
tp=tuple(random.randint(0,100) for i in range(10))   #元组存放随机数
print("原始序列：",*tp)
lst=sorted(tp)                                        #升序排列
print("排序之后：",*lst)
```

```
lst=sorted(tp, reverse=True)                    #降序排列
print("逆序排列: ",*lst)
lst=sorted(tp,key=str)                          #利用key=str转换成字符串再排序
print("按字符串排序: ", *lst)
```

某次运行情况如下。

```
原始序列:    5 21 79 44 10 100 24 94 17 59
排序之后:    5 10 17 21 24 44 59 79 94 100
逆序排列:    100 94 79 59 44 24 21 17 10 5
按字符串排序:   10 100 17 21 24 44 5 59 79 94
```

请注意最后一行的排序结果，100和5似乎都不在正确的位置上。实际上，这是因为它们其实是字符串"100"和"5"，而字符串的比较是按照左对齐的规则进行的，所以字符串"100"比"17"小，字符串"5"比"44"大。

习题

1、输入一些英文单词，将其存储在元组中，然后升序排列输出。

2、产生一个由整数组成的元组，将偶数位置上的元素取出，然后降序排列并输出。

3、ISBN规范化。ISBN是由数字和"-"组成的字符串，例如"2-02-033598-0"和"978-7-121-36214-9"，现将其规范化，去掉其中的"-"，只保留数字，按照原顺序存放在元组中。例如前面的两个ISBN规范化之后的元组为(2,0,2,0,3,3,5,9,8,0)和(9,7,8,7,1,2,1,3,6,2,1,4,9)。

4、老版ISBN合法性检验。如果数字个数为10，则表示是老版ISBN，它的最后一位是校验码。检验方法为：利用求和公式 $\sum_{i=1}^{10} s_i \times w_i$ 求和，其中 s_i 是ISBN的每一位数字，w_i 是对应位置的权重，依次是10、9、8、…、1。

例如ISBN为2-02-033598-0，利用公式求和得 s=2×10+0×9+2×8+0×7+3×6+3×5+5×4+9×3+8×2+0×1=132，132%11=0。如果余数为0，说明这个ISBN是正确的，否则是错误的。请编程实现对老版ISBN的检验，正确则输出True，否则输出False（提示：先将字符串按照第3题的要求转换为数字组成的元组，然后对元组中的元素进行加权求和）。

5、新版ISBN合法性检验。新版ISBN的数字个数为13。它的检验规则与老版ISBN类似，也是加权求和（$\sum_{i=1}^{13} s_i \times w_i$），其权重为：

$$w_i = \begin{cases} 1, & i为奇数 \\ 3, & i为偶数 \end{cases}$$

例如978-7-301-04815-3 利用公式求和得 s=9×1+7×3+8×1+7×3+3×1+0×3+1×1+0×3+4×1+8×3+1×1+5×3+3×1=110，110%10=0。余数为0，说明这个ISBN是正确的。请编程实现对新版ISBN的检验，正确则输出True，否则输出False。

第 **6** 章
列表

本章将介绍Python内置的列表类型。列表的很多操作与元组类似，但它的元素可以改变，因此功能比元组更强，使用范围也更广泛。

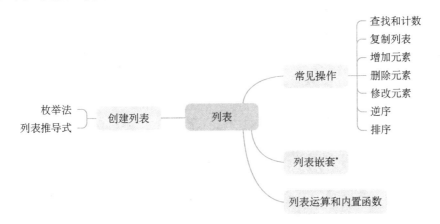

6.1　创建列表

Python中的列表是内置的list对象，它是加强版的元组，元组的绝大多数功能都可以由列表用同样的方法来实现；而且列表是可变序列类型，提供了增加、删除、修改元素的操作方法和函数。

虽然 Python没有提供其他语言中常见的数组类型，但是列表也可以当作数组使用，而且它提供了大量运算符和函数，因此比一般语言中的数组功能更强大。

6.1.1　枚举法

Python中的列表用方括号将若干元素包裹起来，元素之间用逗号隔开，如下所示。

`[element1, element2, element3, ..., elementn]`

其中 element1～elementn 表示列表中的元素，元素个数没有限制。这些元素可以是同构的，也就是说所有元素都是同样的数据类型；也可以是异构的，例如某些元素是字符串，而另一些元素是整数、浮点数，也可以是列表、集合等类型。列表中可以没有任何元素，这时它是空列表。

需要指出的是，虽然列表支持把不同类型的元素放在同一个列表中，但这会引起处理上的不方便，使程序的可读性降低。如果有这种需要，一般应选择集合、字典等类型。

除了上面的方法，Python 也提供了内置函数来创建列表，例如list()，它可以将任意序列类型转换为列表。

【例6-1】创建列表

```
>>>lst=[1,2,3]                    #用中括号创建列表
>>>lst
[1, 2, 3]
>>>lst=list("hello")              #用list()函数创建列表
>>>lst
['h', 'e', 'l', 'l', 'o']
>>>lst=["John", 80]               #列表元素类型不同
>>>lst
['John', 80]
>>>lst=[]                         #创建空列表
>>>type(lst)
<class 'list'>
>>>lst=list()                     #创建空列表
>>>lst
[]
>>>a,b=1,2
>>>lst=[a,b]                      #变量存入列表中之后，存放的是这些变量的值，变量只作为过渡
>>>lst
[1, 2]
>>>lst=[[1,2,3],(4,5,6)]          #列表中的元素可以是列表或元组
```

在例6-1中，lst的第一个元素是列表，第二个元素是元组，列表中的元素可以单独变化，而元组只能整体改变，无法单独改变其中的元素。

6.1.2 列表推导式

也可以利用推导式来创建列表，使用方法几乎和元组推导式相同，列表推导式的基本格式如下。

```
list(expression for elem in sequence)
```

或：

```
list(expression for elem in sequence if condition)
```

与元组推导式相比，列表推导式只是将tuple换成了list，参数意义与元组推导式完全相同。另外，也可以用中括号包裹推导式，这时不需要写list，如下所示。

```
[expression for elem in sequence]
```

或：

```
[expression for elem in sequence if condition]
```

中括号与list的作用完全相同，一般情况下会使用中括号来写列表推导式，这样更直观。

【例6-2】列表推导式

```
>>>lst=list(x for x in range(10))          #用 list()函数创建列表
>>>lst
[0, 1, 2, 3, 4, 5, 6, 7, 8, 9]
>>>lst=[x for x in range(10,0,-1)]         #用中括号包裹列表推导式
>>>lst
[10, 9, 8, 7, 6, 5, 4, 3, 2, 1]
>>>import random as rd
>>>lst=[rd.randint(0,100) for i in range(10)]   #列表元素为随机数
>>>lst
[60, 66, 86, 84, 15, 16, 58, 8, 28, 85]
>>>lst=[x for x in range(20) if x%2==0]    #利用条件判断产生偶数列表
>>>lst
[0, 2, 4, 6, 8, 10, 12, 14, 16, 18]
>>>lst=[x*10+y for x in range(1,4) for y in range(3)]   #利用双重循环创建列表
>>>lst
[10, 11, 12, 20, 21, 22, 30, 31, 32]
>>>lst=[x for x in range(1,-1,-1) for y in range(5)]    #利用双重循环创建列表
>>>lst
[1, 1, 1, 1, 1, 0, 0, 0, 0, 0]
```

6.2 列表运算和内置函数

列表的基本运算几乎和元组一样，这些运算包括索引（[]）、切片（[start:end:step]）、解包、成员测试（in 和 not in）、合并（+）、重复（*）以及关系运算（==、!=、<、>、<=、>=）。列表是可变的，因此它比元组多了一个删除元素的运算（del）。

【例6-3】列表运算

```
>>>import random as rd
>>>lst=[rd.randint(0,10) for x in range(10)]   #利用列表推导式创建列表
>>>lst
[8, 9, 8, 2, 3, 0, 8, 9, 3, 10]
>>>lst[0]                                  #通过索引访问列表元素，索引值从0开始
8
>>>lst[0]=5                                #修改指定元素
>>>lst
[5, 9, 8, 2, 3, 0, 8, 9, 3, 10]
>>>lst[:5]                                 #列表切片
[5, 9, 8, 2, 3]
>>>lst[5:]
```

```
[0, 8, 9, 3, 10]
>>>lst[::-1]                              #利用切片逆向输出列表
[10, 3, 9, 8, 0, 3, 2, 8, 9, 5]
>>>a,b=[1,2]                              #列表解包
>>>a
1
>>>b
2
>>>a,*b=[1,2,3]                           #使用"*"将剩余元素赋给一个变量，该变量自动变成列表
>>>a
1
>>>b                                      #b是一个列表，存储除第一个元素之外的所有元素
[2, 3]
>>>print(*lst)
5 9 8 2 3 0 8 9 3 10
>>>lst2=[3,4,5]
>>>lst+lst2                               #列表合并
[5, 9, 8, 2, 3, 0, 8, 9, 3, 10, 3, 4, 5]
>>>5 in lst2                              #成员测试
True
>>>lst2*3                                 #列表重复
[3, 4, 5, 3, 4, 5, 3, 4, 5]
>>>lst3=[x for x in range(3,6)]
>>>lst3
[3, 4, 5]
>>>lst2==lst3                             #lst2和lst3拥有完全相同的元素，且顺序一致，所以它们相等
True
>>>lst2 is lst3                           #它们是不同的对象，id值不一样，所以is运算的结果为False
False
```

第 5 章曾介绍过 Python 中可以用于元组操作的内置函数，例如 id()、len()、max()、min()、sum()等，这些函数也可以用于列表。

【例6-4】内置函数用于列表

```
>>>lst=[1,2,3,4,5]
>>>id(lst)
54032648
>>>min(lst)
1
>>>max(lst)
5
>>>sum(lst)
```

```
15
>>>len(lst)
5
```

6.3 常见操作

6.3.1 查找和计数

列表提供了 index() 函数用于查找元素所在的位置，它的完整形式如下。

```
index(x[,start[,end]])
```

其中 x 表示要查找的元素，start 表示开始查找的位置，end 表示结束查找的位置；start 和 end 参数可以省略，省略时默认查找整个列表。如果找到元素 x，就返回第一次出现的索引值；如果没有找到，则抛出 ValueError 异常。

列表还提供了 count() 函数用于统计某个元素出现的次数，如果没有出现则返回 0。

【例6-5】列表查找（一）

为了避免出现异常，可以先用 in 运算符测试元素是否在列表中，测试结果为真之后再用 index() 函数定位。

```
import random as rd
lst=[rd.randint(0,100) for x in range(10)]
print(*lst)
num=int(input("请输入要查找的元素："))
if num in lst:
    idx=lst.index(num)
    print(f"找到了，位置在：{idx}")
else:
    print(f"没有找到这个元素")
```

某次运行的情况如下。

```
3 28 64 81 12 22 21 68 39 26
请输入要查找的元素：65
没有找到这个元素
```

【例6-6】列表查找（二）

除了 in 运算符，也可以使用 count() 函数的返回值判断列表中是否有某个元素。

```
import random as rd
lst=[rd.randint(0,100) for x in range(10)]
print(*lst)
num=int(input("请输入要查找的元素："))
if lst.count(num)>0:                         #如果返回值大于0，说明这个元素在列表中
    idx=lst.index(num)
    print(f"找到了，位置在：{idx}")
```

```
    else:
        print(f"没有找到这个元素")
```

上面这两种方法的思路都是事先判断，需要多进行一次查找，相对来说程序运行效率较低。我们也可以捕获异常，在异常处理语句中进行处理，这样就只需要进行一次查找。

【例6-7】列表查找（三）

```
import random as rd
lst=[rd.randint(0,100) for x in range(10)]
print(*lst)
num=int(input("请输入要查找的元素："))
try:
    idx=lst.index(num)
    print(f"找到了，位置在：{idx}")
except ValueError:                          #如果发生异常，说明没有找到这个元素
    print(f"没有找到这个元素")
```

6.3.2　复制列表

有时需要将一个列表中的元素完整地复制到另一个列表中，Python 提供了多种方法。

复制列表的第一种方法是使用赋值号"="，例如 dst=ost 可将列表 ost"复制"给 dst。注意看这里给"复制"打上了双引号，因为它本质上并不是复制过程，而是为列表 ost 增加了一个使用者，dst 和 ost 本质上指向同一个列表对象。

【例6-8】列表赋值

```
>>>ost=[12,34,56,78]
>>>dst=ost                  #将 ost 赋给 dst
>>>dst                      #dst 中的元素与 ost 完全一样
[12, 34, 56, 78]
>>>id(ost)                  #ost 和 dst 的 id 值相等，说明它们是同一个对象
60973768
>>>id(dst)
60973768
>>>dst is ost               #is 运算的结果是 True
True
>>>ost[0]=100               #改变 ost 中的元素，对 dst 也有效
>>>dst
[100, 34, 56, 78]
>>>dst[3]=-1                #改变 dst 中的元素，对 ost 也有效
>>>ost
[100, 34, 56, -1]
```

赋值过程如图6-1所示（id 值用后 4 位表示）。

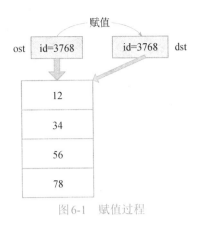

图6-1　赋值过程

　　如果需要实现真正的列表复制，即复制完成之后有两个相等的列表对象，可以用内置函数 list()、列表推导式、列表的成员方法copy()实现。

【例6-9】复制列表

```
>>>ost=[12,34,56,78]
>>>dst=list(ost)              #利用list()函数复制一个新列表
>>>dst
[12, 34, 56, 78]
>>>id(ost)                    #两个对象的id值不同
60973384
>>>id(dst)
60309192
>>>ost==dst                   #对应元素都相同
True
>>>dst2=[x for x in ost]      #利用列表推导式复制一个新列表
>>>dst2
[12, 34, 56, 78]
>>>dst2 is ost                #is运算的结果为False，因为它们不是同一个对象
False
>>>dst3=ost.copy()            #利用列表的copy()方法复制一个新列表
>>>dst3
[12, 34, 56, 78]
>>>dst3 is ost                #它们不是同一个对象
False
```

　　除了以上几种方法，Python还可以像其他语言一样，由用户自行编写循环语句，将列表中的元素逐一复制到新列表中，但这样就丧失了Python语言的简洁性。除此之外，Python还提供了一个copy库，它提供了一系列函数来实现元组和列表的复制，而且可以实现"深复制"。限于篇幅，这里不展开讲解，有兴趣的同学可以参阅Python编程手册。

6.3.3　增加元素

　　如果列表一开始生成的元素不够，可以在程序运行过程中增加（插入）元素，Python 提

供了两个函数来向列表中插入元素，包括append(obj)和insert(index,obj)。前者只能将新元素插入到列表的末尾，后者可以将新元素插入到列表的指定位置。这两个函数都会改变原列表中的元素，不会生成新列表。

如果需要一次性插入多个元素，可以使用extend(seq)函数，这个函数可以在原列表末尾插入一个新列表，不能指定插入位置。

【例6-10】增加元素

```
>>>lst=[12,34,56,78]
>>>id(lst)                      #查看列表的id值
41905608
>>>lst.append(100)              #在列表末尾插入100
>>>lst                          #列表本身发生了变化
[12, 34, 56, 78, 100]
>>>id(lst)                      #列表的id值没有发生变化
41905608
>>>lst.insert(1, 99)            #将99插入到索引值为1的位置
>>>lst
[12, 99, 34, 56, 78, 100]       #索引值为1之后的所有元素依次后移
>>>id(lst)
41905608
>>>lst.insert(10,88)            #将88插入到索引值为10的位置，该值已经越界，所以插入到列表末尾
>>>lst
[12, 99, 34, 56, 78, 100, 88]
>>>lst.extend([-1,-2,-3])       #插入一个新列表到原列表末尾
>>>lst
[12, 99, 34, 56, 78, 100, 88, -1, -2, -3]
```

6.3.4 删除元素

当我们不再需要列表中的某些元素时，可以删除指定元素。删除元素的函数如下。

- list.pop([index=-1])：删除指定位置的元素，如果省略则删除最后一个元素。
- list.remove(obj)：删除第一个等于obj的元素，如果没有这个元素则抛出ValueError异常。
- list.clear()：清空整个列表。
- del listname[index]：删除指定的元素。
- del listname[start: end]：删除指定的切片，也可以删除整个列表。

【例6-11】删除元素

```
>>>import random as rd
>>>lst=[rd.randint(1,100) for i in range(10)]    #用随机数产生列表
>>>lst
[20, 74, 85, 45, 41, 94, 63, 11, 81, 95]
>>>id(lst)                                        #查看列表的id值
61505672
```

```
>>>lst.pop()                              #删除列表的最后一个元素
95
>>>lst
[20, 74, 85, 45, 41, 94, 63, 11, 81]
>>>id(lst)                                #列表的id值并没有改变
61505672
>>>lst.pop(0)                             #删除索引值为0的元素
20
>>>lst
[74, 85, 45, 41, 94, 63, 11, 81]
>>>lst.remove(41)                         #删除值为41的元素
>>>lst
[74, 85, 45, 94, 63, 11, 81]
>>>lst.remove(100)                        #试图删除一个不存在的元素，抛出异常
Traceback (most recent call last):
    File "<pyshell>", line 1, in <module>
ValueError: list.remove(x): x not in list
>>>del lst[4]                             #删除索引值为4的元素（值为63）
>>>lst
[74, 85, 45, 94, 11, 81]
>>>del lst[1:3]                           #删除切片
>>>lst
[74, 94, 11, 81]
>>>lst.ciear()                            #清空列表
>>>lst                                    #列表已经为空
[]
>>>id(lst)                                #id值一直没有变
61505672
>>>del lst                                #删除列表
>>>id(lst)                                #列表已经不存在了
Traceback (most recent call last):
    File "<pyshell>", line 1, in <module>
NameError: name 'lst' is not defined
```

6.3.5　修改元素

　　列表是可变序列类型，它的元素可以改变，只需要通过索引或切片指定要修改的元素，然后赋值即可。需要注意的是，索引得到的是元素，而切片得到的是列表，所以给切片赋值的必须也是列表。

【例6-12】修改元素

```
>>>import random as rd
>>>lst=[rd.randint(1,100) for i in range(10)]
>>>lst
```

```
[72, 86, 10, 83, 20, 86, 18, 10, 36, 37]
>>>lst[1:2]=3                              #这是切片，不能用数值赋值
Traceback (most recent call last):
    File "<pyshell>", line 1, in <module>
TypeError: can only assign an iterable
>>>lst[1:2]=[3]                            #切片需要用列表来赋值
>>>lst
[72, 3, 10, 83, 20, 86, 18, 10, 36, 37]
>>>lst[0]=100                              #利用索引修改元素
>>>lst
[100, 3, 10, 83, 20, 86, 18, 10, 36, 37]
>>>lst[-1]=99                              #索引值可以为负数
>>>lst
[100, 3, 10, 83, 20, 86, 18, 10, 36, 99]
>>>lst[10]=100                             #索引值超出范围
Traceback (most recent call last):
    File "<pyshell>", line 1, in <module>
IndexError: list assignment index out of range
```

6.3.6 逆序

字符串和元组都可以利用切片实现逆序，但这种方式得到的是一个新序列，原序列并没有发生改变。列表则不同，除了可以利用切片得到新的逆序序列，还可以利用reverse()函数反转自身，得到一个逆序序列。

【例6-13】列表逆序

```
>>>lst=[1,2,3,4,5]
>>>lst[::-1]                               #利用切片生成新的逆序序列
[5, 4, 3, 2, 1]
>>>lst                                     #自身并没有变化
[1, 2, 3, 4, 5]
>>>lst.reverse()                           #利用reverse()函数逆序
>>>lst                                     #自身发生了变化
[5, 4, 3, 2, 1]
```

6.3.7 排序

在第5章我们介绍了内置函数 sorted()可用于元组的排序，它也可以用于列表的排序，会生成一个新列表。

除了 sorted()函数，列表也提供了 sort()函数，它的完整形式如下。

```
list.sort(key=None,reverse=False)
```

各个参数的含义如下。

- key 用于从列表的每个元素中提取用于比较的键（例如 key=int），默认值为 None（直

接比较元素）。

- reverse 为一个布尔值。如果为 True，则元素将降序排列。默认情况是升序排列。

【例6-14】列表排序

```
>>>import random as rd
>>>lst=[rd.randint(0,100) for i in range(10)]        #生成随机数列表
>>>lst
[69, 61, 13, 64, 23, 37, 88, 11, 22, 67]
>>>dst=sorted(lst,reverse=True)                      #用 sorted()函数降序排列
>>>dst
[88, 69, 67, 64, 61, 37, 23, 22, 13, 11]
>>>lst                                               #原列表本身并没有改变
[69, 61, 13, 64, 23, 37, 88, 11, 22, 67]
>>>lst.sort(reverse=True)                            #降序排列
>>>lst                                               #列表本身发生了改变
[88, 69, 67, 64, 61, 37, 23, 22, 13, 11]
>>>lst.sort(key=lambda x: x%10)                      #按个位数字升序排列
>>>lst
[61, 11, 22, 23, 13, 64, 67, 37, 88, 69]
```

根据这几个示例可以看出，函数 sorted()和 sort()的主要区别是前者不会改变列表自身，而后者会对列表自身的元素进行排序。

在例 6-14 的最后一个例子中，自定义了排序时元素的取值规则：取元素的个位数字。这里用到了匿名的 lambda 函数，这一点会在第 9 章详细介绍。

6.4*　列表嵌套

列表的元素可以是任意合法的数据类型。在前面的例子中，元素通常是整数，处理起来比较简单。如果列表的元素仍然是列表，这就是列表的嵌套。如果嵌套在内部的所有列表的元素都是同类型的，例如都是整数，那么这种列表嵌套就相当于数学中的矩阵，或是其他语言中的二维数组。假设一个矩阵有 n 行、m 列，用列表嵌套表示的话，那么这个列表应该有 n 个元素，每个元素又是一个有 m 个元素的列表。

例如，有一个3行、5列的矩阵。

$$\begin{bmatrix} 1 & 2 & 3 & 4 & 5 \\ 6 & 7 & 8 & 9 & 10 \\ 11 & 12 & 13 & 14 & 15 \end{bmatrix}$$

可以用下面这个列表来表示。

```
lst=[[1,2,3,4,5] [6,7,8,9,10] [11,12,13,14,15]]
```

根据列表元素的访问规则，lst 的第一个元素的索引值是 0，也就是 lst[0]，它保存了一个列表[1,2,3,4,5]，或者说 lst[0]是列表[1,2,3,4,5]的名字。如果要访问这个列表中的元素，仍然要遵循列表的访问规则，用索引值来访问，例如 lst[0]的第 1 个元素是 lst[0][0]，第 2 个元素是

lst[0][1]。很容易推算出，如果要访问 lst 的最后一个元素，应该用 lst[2][4]。

在上面的表述中，关于"元素"的概念很容易混淆。lst 是一个列表，它有 3 个元素，每个元素都是一个列表，分别是 lst[0]、lst[1] 和 lst[2]，而这三个列表又有自己的元素，例如 lst[0] 有 5 个元素，分别是 lst[0][0]、lst[0][1]、…、lst[0][4]。那么我们说二维列表 lst 的元素时，到底指的是 lst[0] 这样的列表还是 lst[0][0] 这样的数据呢？根据一般编程语言的习惯，二维数组的元素是指它最基本的存储单元（即 lst[0][0] 这样的数据），本书仍然沿用这样的习惯。

通过这个例子，我们可以简单总结一下，对于一个 n 行、m 列的矩阵，可以用一个列表嵌套来表示它，这个嵌套的列表也叫作二维列表，相当于其他语言中的二维数组。矩阵的第一行用 list[0] 表示，矩阵的第一个元素用 list[0][0] 表示。矩阵的第 n 行用 list[n-1] 表示，最后一个元素用 list[n-1][m-1] 表示。

除了枚举法，还可以通过列表推导式或列表重复来产生二维列表。

【例6-15】创建二维列表

```
>>>lst=[[1,2,3]]*4                          #产生一个4行、3列的二维列表，注意*的位置
>>>lst
[[1, 2, 3], [1, 2, 3], [1, 2, 3], [1, 2, 3]]
>>>lst=[[1,2,3]*4]                          #产生的是一个1行、12列的二维列表
>>>lst
[[1, 2, 3, 1, 2, 3, 1, 2, 3, 1, 2, 3]]
>>>lst=[[0]*3]*4                            #产生一个4行、3列的全0二维列表
>>>lst
[[0, 0, 0], [0, 0, 0], [0, 0, 0], [0, 0, 0]]
>>>lst=[[0 for x in range(3)] for y in range(4)]   #用双重循环产生一个4行、列的全0二维列表
>>>lst
[[0, 0, 0], [0, 0, 0], [0, 0, 0], [0, 0, 0]]
>>>lst=[[x+y*3 for x in range(1,4)] for y in range(4)]  #用双重循环产生一个4行、3列的二维列表
>>>lst
[[1, 2, 3], [4, 5, 6], [7, 8, 9], [10, 11, 12]]
```

在例 6-15 中，在列表推导式中用双重循环产生的二维列表是"真"二维列表；用"*"产生的二维列表是"伪"二维列表。例如 lst=[[1,2,3]]*4，lst[1]～lst[3] 实际上都是 lst[0]，它们的 id 值是完全相同的。当修改 lst[0] 的元素时，会同时修改 lst[1]～lst[3] 的元素。这是因为 lst[0] 是一个列表对象，而不是一个普通的变量，列表对象用"*"复制就相当于使用赋值号"="，lst[1]=lst[0] 并不会产生一个新对象，只是增加了一个对 lst[0] 的引用。

📖　如果要产生每一行都各自独立的"真"二维列表，请使用枚举法或列表推导式，不要用"*"。

如果要逐一处理二维列表中的元素，就要用到二维索引：listname[ridx][cidx]。其中[ridx]表示 lst 的索引值，[cidx] 则表示一维列表的索引值。例 6-16 演示了如何利用双重循环遍历二维列表。

【例6-16】遍历二维列表

```
lst=[[x+y*3 for x in range(1,4)] for y in range(4)]   #创建一个4行、3列的二维列表
```

```
#用索引值访问元素
for ridx in range(4):
    for cidx in range(3):
        print(f"{lst[ridx][cidx]:4d}",end="")
    print()
#用双重循环访问元素
for line in lst:
    for elem in line:
        print(f"{elem:4d}",end="")
    print()
```

这个程序的运行结果如下。

```
 1   2   3
 4   5   6
 7   8   9
10  11  12
 1   2   3
 4   5   6
 7   8   9
10  11  12
```

第一种访问方法需要知道二维列表的行数和列数，第二种方法相对来说更简单。不过第一种方法也有它的优点：控制好索引值可以更灵活地访问列表。

在例 6-16 中，每一行拥有的元素数量是相同的，但实际上 Python 允许各行拥有不同的元素数量，例如[[1],[2,3],[4,5,6]]也是合法的列表。这种变长二维列表也可以用索引值访问，关键是要控制好循环次数。

【例6-17】遍历变长二维列表

```
lst=[[1],[2,3],[4,5,6]]
for row in range(len(lst)):
    for col in range(len(lst[row])):
        print(lst[row][col],end=" ")
    print()
```

例 6-17 利用 len()函数来控制循环次数，它不仅可以求出列表有多少行，还可以求出每一行有多少列。

6.5 综合示例

【例6-18】用列表实现斐波那契数列

第 3 章曾经介绍过斐波那契数列，用迭代的方式可以求出斐波那契数列的前 n 项。用列表来求斐波那契数列，需要使用递推公式 $f[n]=f[n-1]+f[n-2]$。先将前两项分别作为 $f[1]$ 和 $f[2]$，从第 3 项开始，就可以使用递推公式了。这里还有个小问题：如果要求第 n 项，那么这个列表需要有 $n+1$ 个元素（0 号元素空出来）。生成 $n+1$ 个元素有两种方法，一种是用"*"运算符一次性生成；另一种是用append()函数一个个追加。相对来说，一次性生成 $n+1$ 个元素的效率更高，但 append()函数更灵活。

```
n=int(input("要求斐波那契数列的第几项？"))
flt=[0]*(n+1)                        #一次性生成所需元素
flt[1]=flt[2]=1
for i in range(3,n+1):
    flt[i]=flt[i-1]+flt[i-2]
print(flt[1:])
```

以下是运行效果：

```
要求斐波那契数列的第几项？20
[1, 1, 2, 3, 5, 8, 13, 21, 34, 55, 89, 144, 233, 377, 610, 987, 1597, 2584, 4181, 6765]
```

【例6-19】交换列表中的最大元素和最小元素

编程找到一个列表中的最大元素和最小元素，然后交换它们的位置。我们知道，Python 提供的 max()和 min()函数可以轻松找到列表中的最大元素和最小元素，但现在的问题是交换这两个元素，因此还必须知道它们的位置（索引值），这就需要用 index()函数。

```
import random as rd
lst=[rd.randint(0,100) for x in range(10)]
print(lst)
maxvalue=max(lst)                              #找最大元素
minvalue=min(lst)                              #找最小元素
maxidx=lst.index(maxvalue)                     #找最大元素所在位置
minidx=lst.index(minvalue)                     #找最小元素所在位置
lst[maxidx],lst[minidx]=lst[minidx],lst[maxidx]  #交换这两个元素
print(lst)
```

运行情况如下。

```
[82, 4, 14, 20, 8, 33, 86, 14, 56, 51]
[82, 86, 14, 20, 8, 33, 4, 14, 56, 51]
```

在这个列表中，最大元素是86，最小元素是4，程序成功地交换了这两个元素的位置。

【例6-20】查找出现频率最高的元素

给定一个由整数构成的列表，查找出现频率最高（即出现次数最多）的元素，输出该元素的值以及出现的次数。这里不考虑同时有多个元素出现频率最高的情况。

列表提供了 count()函数来求出某元素出现的次数，我们可以记录所有元素的出现次数，再求出其中最大的数。这里还需要输出这个元素自身，所以还要知道它的位置。

```
import random as rd
lst=[rd.randint(0,10) for x in range(20)]      #产生随机数列表
print(lst)
cnt=[lst.count(x) for x in lst]                #统计每个元素的出现次数
print(cnt)
idx=cnt.index(max(cnt))                        #找到要输出的元素位置
print(f"出现次数最多的元素是：{lst[idx]}，出现了{max(cnt)}次")
```

程序运行情况如下。

```
[8, 4, 1, 0, 4, 10, 5, 5, 7, 4, 1, 4, 4, 1, 0, 1, 4, 3, 0, 6]
[1, 6, 4, 3, 6, 1, 2, 2, 1, 6, 4, 6, 6, 4, 3, 4, 6, 1, 3, 1]
出现次数最多的元素是：4，出现了6次
```

这个程序写起来比较简单，但是运行效率不高，它需要多次遍历 lst 和 cnt，如果列表很大则会明显感觉程序运行时需要等待。在后面的章节中我们会利用集合和字典来改进这个程序。

另外，例 6-20 也很容易扩展，例如有多个元素出现的次数最多。如果列表中的元素不是整数而是单词，那么这个题目就变成了求高频词。这个问题留给读者作为习题解答。

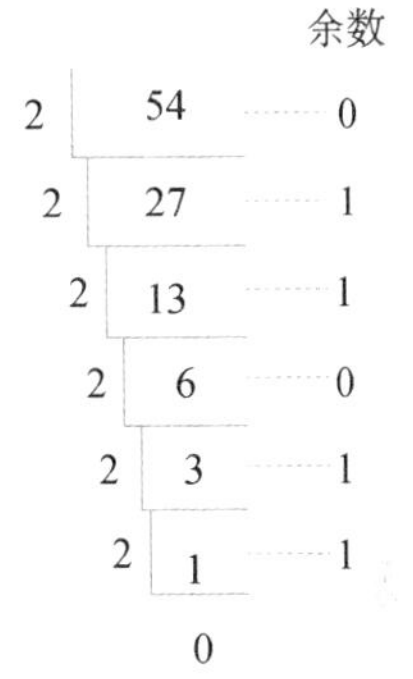

【例6-21】任意进制转换

Python 提供了一系列与进制转换有关的函数，例如 bin()、oct()、hex()等，它们可以完成二进制数、八进制数、十进制数和十六进制数之间的转换。如果要进行四进制数和十二进制数的转换，只能自己编程解决。

把一个十进制数转换为指定的 s 进制数是一个很常见的问题。假如 s=2，则转换为二进制数。转换的方法也很简单：数 n 对 s 取余，将余数保存；然后接着对 s 取余，直到 n=0。这个过程如图 6-2 所示。

为了编程方便，假设用户输入的进制数大于 1 且小于 17。

图 6-2　十进制数 54 转换成二进制数的过程

```python
num,sys=map(int,input("请输入要转换的数据和目标进制数(大于1且小于17)：").split())
table="0123456789ABCDEF"          #这个字符串用于将数字转换为对应的字符
result=[]
while num>0:
    remaind=num % sys
    result.append(table[remaind])  #查找对应的字符，把字符存储在列表中
    num //= sys
print(*result[::-1], sep="")       #逆序输出
```

在这个程序中，为了将数字转换为对应的字符（例如 10 对应 A，11 对应 B，以此类推），用了一个精心构造的字符串"0123456789ABCDEF"，任何一个小于 16 的数字都有对应的字符，这种方法称为查表法或哈希算法，是计算机编程中非常有用的一种快速算法。这个程序的运行结果如下。

```
请输入要转换的数据和目标进制数(大于1且小于17)：156 8
234
请输入要转换的数据和目标进制数(大于1且小于17)：156 16
9C
请输入要转换的数据和目标进制数(大于1且小于17)：147 4
2103
请输入要转换的数据和目标进制数(大于1且小于17)：180 13
10B
请输入要转换的数据和目标进制数(大于1且小于17)：179 12
12B
```

【例6-22】身份证号码检验

我国的居民身份证号码是一串18位的字符，前17位都是数字，第18位是校验码，校验码可以是0~9的数字，也可以是字符"X"，它代表数字10。检验方法如下。

利用求和公式 $\sum_{i=1}^{18} s_i \times w_i$ 加权求和，其中 s_i 是身份证号码的第 i 位数字，w_i 是对应位置的权重，依次是 7、9、10、5、8、4、2、1、6、3、7、9、10、5、8、4、2、1，将求出的和 sum 对11取余，余数为1则表示该身份证号码正确，输出 True，否则输出 False。

解决这个问题的方法很简单：加权求和。不过有些细节需要注意：将前17位字符转换为对应的数字（因为输入的身份证号码是字符串），最后1位需要单独处理。转换的结果可以放在一个列表中暂存，权重可以用元组存储，按位相乘累加即可。

为了编程方便，这里不考虑输入的身份证号码不是18位的情况，也不考虑最后一位输入了其他字母的情况，只检验数字是否输错，这也是人工输入时最常见的错误。

```
sid=input("请输入身份证号码：")
weight=(7,9,10,5,8,4,2,1,6,3,7,9,10,5,8,4,2,1)
idcode=[int(x) for x in sid[:-1]]              #将前17位字符转换为对应的数字
last=int(sid[-1])   if sid[-1].isdigit()   else 10    #单独处理最后1位字符
idcode.append(last)
s=0
for i in range(18):                            #加权求和
    s += idcode[i]*weight[i]
print(s%11==1)
```

以下是运行情况：

```
请输入身份证号码：430302200506040073
True
请输入身份证号码：43038120050824012X
True
请输入身份证号码：430321200510150045
False
```

例 6-22 考虑的出错情况还不够全面，因此实用性不强。要增强这个程序的实用性，需要增加一些其他情况，这一点作为习题留给读者完成。

【例6-23】成绩排序

Python 程序设计课程考试完成之后，需要对全班同学的成绩从高到低排序。输出时要求输出姓名及成绩。

这里要求同时输出姓名和成绩，所以需要将姓名和成绩组成一个元组，再存放到列表中；排序时要指定键为成绩，并指定降序排列。

```
score=[("James", 78), ("Alex", 66), ("Ryan", 94), ("Logan", 87), ("Nathan", 75),\
       ("Elijah", 72), ("Christian", 91), ("Gabriel", 90),("Tristan",73), \
       ("John", 88), ("Hayden", 66), ("Liam", 58), ("Jesus", 96), ("Ian", 84),]
score.sort(key=lambda x: x[1], reverse=True)
print(score)
```

程序运行结果如下。

[('Jesus', 96), ('Ryan', 94), ('Christian', 91), ('Gabriel', 90), ('John', 88), ('Logan', 87), ('Ian', 84), ('James', 78), ('Nathan', 75), ('Tristan', 73), ('Elijah', 72), ('Alex', 66), ('Hayden', 66), ('Liam', 58)]

成绩在每一个元组中都是第二个元素，索引值为1，所以key指定的参数是"lambda x: x[1]"。这个程序也可以使用内置函数 sorted()来完成，作为课后习题留给读者完成。

这里还有一点要说明，这个程序并不具有实用价值，因为绝大多数情况下不可能将姓名和成绩以字面常量的形式放在程序中，成绩数据通常会以纯文本文件或Excel文件的形式提供，程序需要从这些文件中读取数据，与文件有关的知识会在第10章介绍。

【例6-24】猴子选大王

一群猴子要选新猴王。新猴王的选择方法是：让n只候选猴子围成一圈，从某位置起顺序编号为1～n。从1号开始报数，每轮从1报到m，报到m的猴子退出圈子，接着从紧邻的下一只猴子开始报数。如此循环，最后剩下的一只猴子当选为猴王。请问是原来的几号猴子当选猴王？这里假定n=100、m=14。

这个问题可以借助列表来完成，将1～n依次放入列表中，从第一个元素开始向后计数，每数到m就将这个元素从列表中删除，然后从下一个元素开始重新计数。当整个列表只剩下一个元素时，输出这个元素的值。这里有个问题要注意：一直往后数会超出列表的范围，一旦超出就需要重新回到第一个元素。

编写程序时需要用到两个变量，一个是计数器（用来记录报数）；另一个是索引值，以便当报数达到预定值时删除当前索引值指向的元素。

```
monkey=[x for x in range(1,101)]          #列表初始化
cnt, idx=1,0                              #计数器和索引值初始化
while len(monkey)>1:                      #循环，直到只剩下一只猴子
    idx=(idx+1)%len(monkey)
    cnt += 1
    if cnt>=14:                           #报数达到预定值
        print(monkey.pop(idx), end="   ") #删除并输出当前元素
        cnt=1                             #重置计数器
        if idx>=len(monkey):
            idx=0
else:
    print("\n大王是：",monkey[0])
```

程序运行的结果如下。

```
14  28  42  56  70  84  98  12  27  43  58  73  88  3  19  35  51  67  83  100  17  34  52  69  87
5   23  41  61  79  97  18  38  59  78  99  21  44  64  86  8  31  54  77  2  20  50  76  4  30  57
85  11  40  71  96  32  63  93  28  94  33  68  7  46  82  22  60  10  53  1  48  95  49  9  65
20  81  45  15  89  60  37  24  13  6  16  36  55  80  39  91  90  29  75  47  74  72
大王是：  92
```

【例6-25】杨辉三角

杨辉三角是我国数学史上的一项伟大成就，记录在南宋数学家杨辉于1261年所著的《详解九章算法》一书中，是二项式的各项系数在三角形中的一种几何排列。一个9行的杨

辉三角如下。

```
1
1   1
1   2   1
1   3   3   1
1   4   6   4   1
1   5   10  10  5   1
1   6   15  20  15  6   1
1   7   21  35  35  21  7   1
1   8   28  56  70  56  28  8   1
```

在这个三角形中，第一列和对角线上的值都是1，除此之外每一个元素的值都等于它左上方和正上方的两个元素之和，即满足递推公式 data[i][j]=data[$i-1$][$j-1$]+data[$i-1$][j]。对于任何一个二项式$(a+b)^n$，展开式的各项系数对应杨辉三角第$(n+1)$行的每一项。

要编程输出杨辉三角比较简单，只需要定义一个二维列表，把第一列和对角线上的元素都填充为1，然后从第3行第2列开始填充，要填充的元素可以利用递推公式求出。

```python
#定义一个可以存储10行元素的二维列表，将全部元素填充为1，每行元素的数量是递增的
Yangtri=[[1 for i in range(j+1)] for j in range(10)]
for i in range(2,10):                    #从第3行开始填充
    for j in range(1,i):                 #从第2列填充到i-1列
        Yangtri[i][j]=Yangtri[i-1][j-1]+Yangtri[i-1][j]   #利用递推公式填充
for line in Yangtri:                     #输出杨辉三角
    for elem in line:
        print(f"{elem:4d}", end="")
    print()
```

在工程数学中，经常要进行矩阵运算，除了利用上述的二维列表，还可以使用第三方库，例如numpy、scipy等。如果要处理Excel文件中的数据（它们也是矩阵形式），一般会使用pandas库。

习题

1、编程模拟打分系统。7个评委打分，要求去掉一个最高分和一个最低分，求出平均分，保留小数点后两位。

2、随机产生一个由n个整数组成的列表，将其中的偶数从高到低排列，将其中的奇数从低到高排列，然后把这两个序列拼接成一个列表输出。

3、改进例6-20的程序，如果出现频率最高的元素有多个，输出值最大的元素。

4、查找高频词。用户输入一些用空格分隔的英文单词，查找出现频率最高的单词并输出。如果这样的单词有多个，请升序排列后再输出。

5、身份证号码检验。用户输入的身份证号码可能会出现以下错误：输入的号码不是18位的；前17位中出现了非数字字符；第18位字符不是数字或字母"X"；加权和值不正确。请编写一个程序，检验身份证号码。

6、求身份证校验码。给定身份证号码的前17位，按照规则求出最后一位校验码。如果校验码是10，用"X"表示。

7、身份证号码升级。我国原来的居民身份证号码有15位，第1～6位是地区码；第7～12位是"年月日"格式，其中年份只占2位，如"651012"表示1965年10月12日；第13～15位是顺序码，没有校验码。新版身份证号码有18位，其中年份从2位升级为4位，末尾增加了1位校验码。请完成15位身份证号码的升级程序。

8、约瑟夫问题。例6-24的猴子选大王问题其实是数学中的约瑟夫问题，有数字1～N，每数到M就删除该数，然后重新开始计数，反复下去，求最后剩下的那个数字。

9、中位数是按顺序排列的一组数中居于中间位置的数，即在这组数中有一半数比它大，有一半数比它小。如果一组数有奇数个，中位数在正中间；如果有偶数个，中位数是中间两个数的平均值。随机生成一个整数列表，求它的中位数。

10、随机生成一个整数类型的二维列表，求其中的最大值和最小值及其位置。

11、求整数的第n位。例如，给定一个整数如159752，它的第1位是1，第2位是5，第3位是9。

第 **7** 章
集合

Python 中的集合属于容器类型，和数学中的集合概念一样，用来保存不重复的元素，即集合中的元素是唯一的，互不相同。从内容上看，集合只能存储不可变类型，包括整数、浮点数、字符串、元组等，无法存储列表、字典、集合等可变类型。

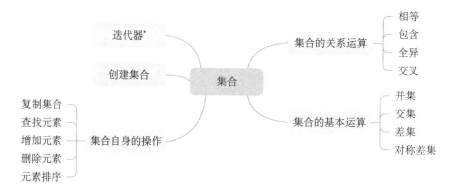

7.1 创建集合

集合将所有元素放在一对大括号中，相邻元素之间用逗号分隔，是可变类型，提供了增加、删除、修改元素的方法和函数。另外，它也提供了数学中集合的基本运算。不过与字符串、元组、列表这些序列类型不同的是，集合是"无序"的，它不会按照加入顺序存储元素，也无法通过索引值访问。

在 Python 中，创建集合与创建列表的方式相同。

```
{element 1, element 2, element 3, ..., element n}
```

其中 element 1～element n 表示集合中的元素，元素个数没有限制，但必须是不可变类型，如果是列表这种可变类型，就不能放在集合中。这是因为集合中的元素实际上是通过哈希函数计算存储位置的，可变类型无法做哈希计算，所以无法存储。

与元组一样，集合中的元素可以是同构的，也可以是异构的，但一般不使用异构元素。集合中可以没有任何元素，这时它是空集合。注意，空集合不能用"{}"表示，因为这个符号已经被空字典占用了，空集合只能用 set() 函数创建。同样，set() 函数可以将任意序列类型转换为集合。

也可以利用集合推导式生成集合，使用方法几乎和元组推导式相同，集合推导式的基本格式如下。

```
set(expression for elem in sequence)
```

或：

```
set(expression for elem in sequence if condition)
```

与元组推导式相比，集合推导式将元组名tuple换成了set，括号内的参数意义与元组推导式完全相同。另外，也可以用"{}"来包裹推导式，这时不需要写set，格式如下。

```
{expression for elem in sequence}
```

或：

```
{expression for elem in sequence if condition}
```

【例7-1】创建集合

`>>>st={13,23,14,9,7,13,8,12,23}`	#创建集合，注意有重复元素13和23
`>>>st`	#去除重复元素
`{7, 8, 9, 12, 13, 14, 23}`	#这里是升序排列
`>>>st=set("good morning")`	#利用set()函数将其他序列转换为集合
`>>>st`	#重复元素已经去除，字符无序排列
`{'i', 'o', 'r', 'n', ' ', 'd', 'g', 'm'}`	
`>>>st={[1,2,3]}`	#试图向集合中插入列表，出错
`Traceback (most recent call last):`	
`    File "<pyshell>", line 1, in <module>`	
`TypeError: unhashable type: 'list'`	
`>>>st=set([1,2,3])`	#利用set()函数将列表转换为集合
`>>>st`	#存入集合中的是整数
`{1, 2, 3}`	
`>>>st={(1,2,3),(4,5,6)}`	#集合中可以存储元组
`>>>st`	
`{(4, 5, 6), (1, 2, 3)}`	
`>>>st={}`	#试图创建一个空集合
`>>>type(st)`	#它是dict 类型而不是集合
`<class 'dict'>`	
`>>>st=set()`	#用 set()函数创建空集合
`>>>type(st)`	
`<class 'set'>`	
`>>>st={x for x in range(10)}`	#用集合推导式生成集合
`>>>st`	
`{0, 1, 2, 3, 4, 5, 6, 7, 8, 9}`	
`>>> st=set(x for x in range(20) if x%2==0)`	#带条件的集合推导式
`>>>st`	
`{0, 2, 4, 6, 8, 10, 12, 14, 16, 18}`	
`>>>st={x*10+y for x in range(1,4) for y in range(3)}`	#双重循环生成集合
`>>>st`	
`{32, 10, 11, 12, 20, 21, 22, 30, 31}`	#这里是无序的

7.2 集合自身的操作

集合可以进行增加、删除、修改、查询等操作，也可以对集合中的元素进行排序。由于集合是无序类型，没有索引值的概念，因此索引、切片这些操作无法进行。重复运算符"*"也不能用于集合，因为集合内的元素不允许重复。连接运算符"+"被 union()函数取代。

7.2.1 复制集合

复制集合与复制列表的方法几乎一样，有以下几种方法。
- 使用赋值号"="，例如 setB=setA。
- 利用 set()函数生成一个新集合。
- 利用集合推导式生成一个新集合。
- 利用 copy()函数复制集合。

【例 7-2】复制集合

```
>>>import random as rd
>>>st={rd.randint(0,100) for i in range(10)}     #产生一个随机数集合
>>>st
{97, 66, 38, 11, 79, 87, 56, 57, 60, 31}
>>>stc=st                                         #集合赋值
>>>stc is st                                      #是同一个集合
True
>>>stc=set(st)                                    #利用 set()函数创建一个新集合
>>>stc                                            #元素完全一样
{97, 66, 38, 11, 79, 87, 56, 57, 60, 31}
>>>stc is st                                      #不是同一个集合
False
>>>stc={elem for elem in st}                      #利用集合推导式创建一个新集合
>>>stc                                            #元素完全一样
{97, 66, 38, 11, 79, 87, 56, 57, 60, 31}
>>>stc is st                                      #不是同一个集合
False
>>>stc=st.copy()                                  #利用 copy()函数创建一个新集合
>>>stc                                            #元素完全一样
{97, 66, 38, 11, 79, 87, 56, 57, 60, 31}
>>>stc is st                                      #不是同一个集合
False
```

7.2.2 查找元素

集合没有提供查找元素的函数，只能利用"in"和"not in"运算符来测试元素是否存在，只能返回 True 或 False，无法确定元素的位置。

【例7-3】查找元素

```
>>>import random as rd
>>>st={rd.randint(0,100) for i in range(10)}
>>>st
{67, 100, 68, 40, 44, 13, 82, 22, 57, 26}
>>>100 in st
True
>>>90 in st
False
>>>90 not in st
True
```

📖　虽然元组、列表和集合都可以用"in"来查找元素是否存在，但是集合中"in"的查找速度几乎与元素数量无关，速度比同样规模的元组、列表快得多。如果有大量数据，应该尽量使用集合。

7.2.3　增加元素

如果集合一开始生成的元素不够，可以在程序运行过程中增加元素。add()函数可以向集合中插入新元素，插入的位置由集合自行决定，用户无权决定。如果要插入的元素已经存在，不会有任何操作。

【例7-4】增加元素

```
>>>lst=[12,34,56,78]
>>>st={rd.randint(0,100) for i in range(10)}
>>>st
{67, 7, 12, 15, 80, 50, 83, 22, 87, 95}
>>>st.add(99)                               #插入99，成功
>>>st
{67, 99, 7, 12, 15, 80, 50, 83, 22, 87, 95}
>>>st.add(12)                               #集合中已有12，插入不成功
>>>st
{67, 99, 7, 12, 15, 80, 50, 83, 22, 87, 95}
```

7.2.4　删除元素

删除元素的相关方法如下。
- set.pop()：随机从集合中删除一个元素，并将该元素返回。一般情况下，它会删除集合内部迭代器指向的第一个元素。
- set.remove(obj)：删除等于obj的元素，如果没有这个元素则抛出KeyError异常。
- set.discard(obj)：删除等于obj的元素，如果没有这个元素则不会有任何操作。
- set.clear()：清空整个集合。
- del setname：删除整个集合，删除之后集合就不存在了。

【例7-5】删除元素

```
>>>import random as rd
>>>st={rd.randint(1,100) for i in range(10)}    #用随机数产生集合
>>>st
{65, 33, 70, 9, 75, 44, 77, 48, 17, 57}
>>>id(st)                                        #查看集合的id值
63376968
>>>st.pop()
65
>>>st                                            #删除了第一个元素
{33, 70, 9, 75, 44, 77, 48, 17, 57}
>>>id(st)                                        #集合的id值并没有变
63376968
>>>st.remove(44)                                 #删除44（第5个）
>>>st
{33, 70, 9, 75, 77, 48, 17, 57}
>>>st.remove(40)                                 #删除一个不存在的元素，抛出异常
Traceback (most recent call last):
    File "<pyshell>", line 1, in <module>
KeyError: 40
>>>st.discard(70)                                #删除70（第2个）
>>>st
{33, 9, 75, 77, 48, 17, 57}
>>>st.discard(70)                                #删除70（它已经不存在了）
>>>st                                            #没有任何操作
{33, 9, 75, 77, 48, 17, 57}
>>>st.clear()                                    #清空整个集合
>>>st
set()
>>>id(st)                                        #集合还存在
63376968
>>>del st                                        #删除集合
>>>id(st)                                        #集合已经不存在了
Traceback (most recent call last):
    File "<pyshell>", line 1, in <module>
NameError: name 'st' is not defined
```

集合的元素值并不能像列表一样改变。因为只要元素值变了，它的存储位置就会发生改变。要改变元素值，只能先删除这个元素，再插入新元素，这实际上已经和原来的元素没有关系了。

7.2.5 元素排序

内置函数 sorted()可用于元组和列表的排序，也可以用于集合排序，它会生成一个新列表。

【例7-6】元素排序

```
>>>import random as rd
>>>st={rd.randint(1,100) for x in range(20)}          #产生一个随机数集合
>>>st
{3, 35, 40, 74, 13, 46, 79, 78, 81, 83, 20, 51, 86, 24, 57, 63, 95}
>>>sorted(st)                                          #产生一个升序排列的列表
[3, 13, 20, 24, 35, 40, 46, 51, 57, 63, 74, 78, 79, 81, 83, 86, 95]
>>>sorted(st, key=str)                                 #转换为字符串并升序排列，注意3的位置
[13, 20, 24, 3, 35, 40, 46, 51, 57, 63, 74, 78, 79, 81, 83, 86, 95]
>>>sorted(st, key=str, reverse=True)                   #转换为字符串并降序排列
[95, 86, 83, 81, 79, 78, 74, 63, 57, 51, 46, 40, 35, 3, 24, 20, 13]
```

7.3　集合的关系运算

在数学中，两个集合之间存在四种关系：相等、包含、全异和交叉，如图7-1所示。

如果要判断两个集合是否有相等关系，可以直接利用运算符"=="和"!="判断。

如果要判断集合是否有包含关系，可以利用"<""<=">""=>"判断。其中"A<B"可判断A是否为B的真子集，"A<=B"可判断A是否为B的子集，">"和">="则相反。除此之外，可以用issubset()和issuperset()函数进行判断。

集合的全异和交叉关系没有直接的运算符，但是可以通过isdisjoint()函数进行判断。除此之外，还可以利用求交集函数得到的结果是否为空集来进行判断。集合的关系运算如表7-1所示。

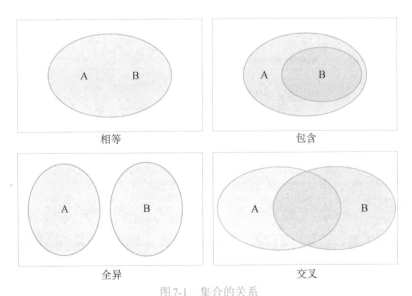

图7-1　集合的关系

表 7-1　集合的关系运算

关系运算	运算符	功能
A.isissubset(B)	A<=B	A是否为B的子集，是则返回True，否则返回False
	A<B	A是否为B的真子集，是则返回True，否则返回False
A.issuperset(B)	A>=B	A是否包含B，是则返回True，否则返回False
	A>B	A是否真包含B，是则返回True，否则返回False
A.isdisjoint(B)		A和B是否无交集，是则返回True，否则返回False
	A==B	A和B的元素是否一一相等，是则返回True，否则返回False
	A!=B	A和B的元素是否至少有一个不相等，是则返回True，否则返回False

【例7-7】集合的关系运算

```
>>>setA={1,2,3,4}
>>>setB={x for x in range(1,5)}
>>>setB
{1, 2, 3, 4}
>>>setA==setB                    #测试集合是否相等
True
>>>setA!=setB
False
>>>setA.issubset(setB)           #setA 是 setB 的子集
True
>>>setA<=setB                    #setA 是 setB 的子集
True
>>>setA<setB                     #setA 不是 setB 的真子集
False
>>>setB={1,2,3,4,5,6}
>>>setA<setB                     #setA 是 setB 的真子集
True
>>>setB.issuperset(setA)         #setB 包含 setA
True
>>>setB>setA                     #用运算符判断
True
>>>setB={4,5,6,7}
>>>setA.isdisjoint(setB)         #setA 和 setB 存在交集，所以返回值为False，表示相交
False
>>>setB={6,7,8,9}
>>>setA.isdisjoint(setB)         #setA 和 setB 的交集为空，所以返回值为True，表示全异
True
```

判断集合的关系时，运算符更简洁，含义也很清晰，因此一般使用运算符。

7.4　集合的基本运算

集合的基本运算有求并集、交集、差集、对称差集，如图7-2所示。

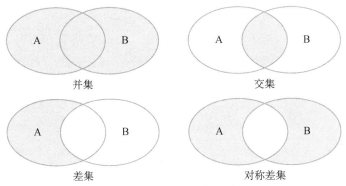

图 7-2　集合的基本运算

图 7-2 中的蓝色部分表示运算结果，关于集合运算的规则，读者可以参阅有关书籍，本书不展开论述。

集合运算的函数和运算符如表 7-2 所示。

表 7-2　集合运算的函数和运算符

函数	运算符	功能
A.union(B)	A|B	求集合 A 和 B 的并集，返回一个新集合
A.update(B)	A|=B	将集合 A 更新为 A 和 B 的并集
A.intersection(B)	A&B	求集合 A 和 B 的交集，返回一个新集合
A.intersection_update(B)	A&=B	将集合 A 更新为 A 和 B 的交集
A.difference(B)	A-B	求集合 A 与 B 的差集，返回一个新集合
A.difference_update(B)	A-=B	将集合 A 更新为 A 和 B 的差集
A.symmetric_difference(B)	A^B	求集合 A 和 B 的对称差集
A.symmetric_difference_update(B)	A^=B	将集合 A 更新为 A 和 B 的对称差集

从表 7-2 中可以看出，运算符更简洁。但是由于使用了位运算符，所以显得运算符的功能没有那么清晰易懂；函数的名称是代表功能的英文单词，可以见名知义，而且现代的 IDE 均提供了代码提示功能，用户无须记忆，所以使用得更普遍。

【例 7-8】集合的基本运算

```
>>>setA={1,2,3,4,5}
>>>setB={4,5,6,7,8}
>>>setA.union(setB)              #用函数求 A 和 B 的并集
{1, 2, 3, 4, 5, 6, 7, 8}
>>>setA                          #A 本身并没有变
{1, 2, 3, 4, 5}
>>>setA | setB                   #用运算符求 A 和 B 的并集
{1, 2, 3, 4, 5, 6, 7, 8}
>>>setA.update(setB)             #求 A 和 B 的并集并更新 A
>>>setA                          #A 发生了改变
{1, 2, 3, 4, 5, 6, 7, 8}
```

```
>>>setA={1,2,3,4,5}
>>>setA.intersection(setB)              #用函数求A和B的交集
{4, 5}
>>>setA & setB                          #用运算符求A和B的交集
{4, 5}
>>>setA.intersection_update(setB)       #求A和B的交集并更新A
>>>setA                                 #A发生了改变
{4, 5}
>>>setA={1,2,3,4,5}
>>>setA.difference(setB)                #用函数求A和B的差集
{1, 2, 3}
>>>setA - setB                          #用运算符求A和B的差集
{1, 2, 3}
>>>setA.difference_update(setB)         #求A和B的差集并更新A
>>>setA                                 #A发生了改变
{1, 2, 3}
>>>setA={1,2,3,4,5}
>>>setA.symmetric_difference(setB)      #用函数求A和B的对称差集
{1, 2, 3, 6, 7, 8}
>>>setA ^ setB                          #用运算符求A和B的对称差集
{1, 2, 3, 6, 7, 8}
>>>setA.symmetric_difference_update(setB)   #求A和B的对称差集并更新A
>>>setA                                 #A发生了改变
{1, 2, 3, 6, 7, 8}
```

7.5* 迭代器

我们已经知道，Python中的序列都可以遍历。字符串、元组和列表这种有序类型有两种遍历方法，一种是通过索引遍历，另一种是通过for-each循环遍历。而像集合和字典这种无序类型，只能通过for-each循环遍历。这里有个小问题：在for-each循环中，系统如何知道当前这次循环要访问序列中的哪个元素呢？访问完当前元素之后，系统怎样确定下一次要访问的元素呢？

解决这一问题的答案是：迭代器（Iterator）。迭代器可以记住可迭代对象的位置。在Python中，生成器、元组、列表、字典、集合、字符串都是可迭代对象。迭代器从可迭代对象的第一个元素开始访问，每访问一个元素就自动指向下一个元素的位置，直到所有元素被访问。可迭代对象不一定是迭代器，例如列表是可迭代对象，但不是迭代器；生成器是可迭代对象，同时也是迭代器。迭代器只能往前不能后退。for-each循环在其内部维护了一个迭代器对象，只不过对外隐藏了这个对象。

迭代器的使用方法很简单，只有两个基本函数：iter()和next()，iter()函数负责创建迭代器，next()函数负责移动迭代器到下一个元素所在的位置。用iter()函数创建迭代器时必须要指定可迭代对象（也就是元组、列表、集合等），不能创建一个抽象的迭代器，创建的同时迭代器会指向该迭代对象的第一个元素。

【例7-9】列表迭代器的使用

```
>>>it=iter([1,2,3])                           #为列表创建一个迭代器
>>>type(it)                                   #迭代器的类型是list_iterator
<class 'list_iterator'>
>>>print(next(it))                            #返回当前元素,并将迭代器移动到下一个位置
1
>>>print(next(it))                            #继续向后移
2
>>>next(it)                                   #继续向后移,现在是最后一个元素
3
>>>next(it)                                   #再向后移会抛出异常
Traceback (most recent call last):
    File "<pyshell>", line 1, in <module>
StopIteration
```

【例7-10】集合迭代器的使用

```
st=set("good morning")
print("解包访问集合: ",*st)
it=iter(st)                                   #为集合创建迭代器
print("使用迭代器访问:", end=" ")
for ch in it:                                 #for-each 循环访问的是迭代器对象,它会自动向后移动
    print(ch, end=" ")
it=iter(st)                                   #迭代器只能使用一次,再使用时必须重新创建
print("\n 使用 next()访问:", end=" ")
while True:
    try:
        print(next(it), end=" ")             #移动迭代器
    except StopIteration:                     #发生异常表示迭代对象访问完毕
        break                                 #终止循环
```

在 Python 中,可迭代对象、迭代器和生成器都是常见的概念,但很容易混淆,这里再补充讲解一下。

可迭代对象是一种数据类型,通常是容器类型的一种,容器类型包括前面介绍的字符串、元组、列表、集合等,如果容器中的元素可以逐个迭代获取,那么它就是可迭代对象。

迭代器是用来表示一连串数据流的对象,它是一种具体的迭代器类型,例如list_iterator、set_iterator。它们是由可迭代对象内部的__iter__()方法生成的。所有迭代器都需要支持迭代器协议,也就是iterator.__iter__()方法和iterator.__next__()方法。

生成器也是用在迭代操作中的,其本质可以理解为一个特殊的迭代器。第 5 章中介绍了用"()"包裹起来的生成器表达式,除此之外,还可以在函数中用关键字 yield 返回值,这个带有 yield 的函数就变成了生成器函数,这时形式上不再需要__next__(),但它仍然具备惰性求值功能。

7.6　综合示例

【例7-11】产生指定数量的不重复数据

我们可以用元组或列表推导式产生一些随机数据，但是可能存在重复数据。如果要产生 n 个不重复数据，就需要借助集合，因为集合可以自己去除重复数据。例如要产生 $0\sim50$ 的 20 个不重复数据，如果写成：

```
st={random.randint(50) for x in range(20)}
```

这是不行的，因为虽然循环了 20 次，但是可能存在重复数据，导致最后集合的长度小于20。正确的做法是利用循环一个个向集合中添加随机数，然后检验集合的长度，满足需要时就停止循环。下面的程序演示了如何产生 $0\sim50$ 的 20 个不重复数据。

```
import random as rd
st=set()                       #产生一个空集合
while len(st)<20:              #判断集合的长度
    st.add(rd.randint(0,50))   #向集合中插入随机数
print(st)
```

运行结果如下。

```
{1, 4, 9, 11, 15, 16, 19, 22, 26, 27, 30, 32, 36, 39, 40, 41, 43, 46, 49, 50}
```

这个例子并不一定要借助集合来实现，因为random类本身提供了一个sample()函数，可以在序列中进行无重复抽样。

【例7-12】去除重复元素并排序

有两个整数列表，将其合并后去除重复元素，然后升序排列并输出。

```
import random as rd
lstA=[rd.randint(0,20) for x in range(10)]      #产生随机数列表
print(lstA)
lstB=[rd.randint(0,20) for x in range(10)]      #产生随机数列表
print(lstB)
st=set(lstA)                                    #将一个列表放入集合中
st.update(lstB)                                 #再将另一个列表合并进来，更新集合
print(sorted(st))                               #排序输出
```

运行结果如下。

```
[11, 10, 18, 2, 0, 0, 19, 1, 17, 11]
[20, 6, 12, 1, 9, 15, 20, 5, 1, 8]
[0, 1, 2, 5, 6, 8, 9, 10, 11, 12, 15, 17, 18, 19, 20]
```

也可以先将两个列表合并，再一次性放入集合中。

【例7-13】找出重复选课的学生

学校规定的选课规则是每个学生只能选一门选修课，但是有些学生无视这一规则，选择了两门选修课，请编程找出这样的学生。

假定选择 A 课程的学生名单放在列表 lstA 中，选择 B 课程的学生名单放在列表 lstB 中，将这两个列表转换为集合，只要求出这两个集合的交集就知道哪些学生重复选课了。

```
lstA=["James","Alex","Ryan","Logan","Nathan","Elijah", \
    "Christian","Gabriel","John","Hayden","Liam","Jesus", \
    "Ian","Tristan","Bryan","Sean","Cole","Thomas"]
lstB=["Liam","Jesus","Bryan","Sean","Cole","Brian","Connor", \
    "Thomas","Cameron","Ian","Hunter","Austin","Adrian", \
    "Owen","Eric","Tristan","Jaden","Carson"]
stA=set(lstA)
stB=set(lstB)
st=stA.intersection(stB)          #求两个集合的交集
print(*st)
```

该程序的运行结果如下。

Sean Cole Tristan Ian Liam Bryan Jesus Thomas

【例7-14】找出按规则选课的学生

仍然按照例7-13中的规则，分别输出按照规则只选了A课程或B课程的学生名单。很明显，这需要用到集合的差集运算。

```
lstA=["James","Alex","Ryan","Logan","Nathan","Elijah", \
    "Christian","Gabriel","John","Hayden","Liam","Jesus", \
    "Ian","Tristan","Bryan","Sean","Cole","Thomas"]
lstB=["Liam","Jesus","Bryan","Sean","Cole","Brian","Connor", \
    "Thomas","Cameron","Ian","Hunter","Austin","Adrian", \
    "Owen","Eric","Tristan","Jaden","Carson"]
stA=set(lstA)
stB=set(lstB)
print("只选择了A课程的学生：", *(stA-stB))        #求A和B的差集
print("只选择了B课程的学生：", *(stB-stA))        #求B和A的差集
```

运行情况如下。

只选择了A课程的学生：　Nathan Logan Alex Christian Gabriel Elijah Hayden James John Ryan
只选择了B课程的学生：　Connor Brian Eric Adrian Cameron Hunter Austin Jaden Carson Owen

如果不要求分别输出学生的选课情况，还可以用对称差集运算来求。

【例7-15】模拟抓牌过程

4个人玩扑克牌，去掉大小王，剩下的52张牌由4个人随机抓牌，每人13张，请用程序模拟抓牌的过程，并显示最终结果。

首先要解决的问题是如何表示一张扑克牌。我们知道，扑克牌有花色和点数两个要素，花色有方块、梅花、红桃、黑桃，点数是1～13，其中1用A表示，11用J表示，12用Q表示，13用K表示。我们可以用一个元组来表示一张扑克牌，形式是（花色，点数）。

第二个问题是如何保存这52张扑克牌，这可以用列表或集合解决。这里用集合显然更合适，因为pop()函数可以随机将元素取出来，相当于随机发牌。

第三个问题是如何模拟4个人的抓牌过程，这个比较简单，用4个集合分别表示4个人，把从大集合中移出的扑克牌加入4个小集合中即可。

```
suit=("♤","♥","◇","♣")                      #定义花色
pips=('A','2','3','4','5','6','7','8','9','10','J','Q','K')   #定义点数
cards={(s,p) for s in suit for p in pips}    #利用花色和点数拼成52张扑克牌，放入集合中
players=[set() for i in range(4)]            #4个空集分别表示4个人
for i in range(13):                          #外层循环表示要抓13轮牌
    for player in players:
    #内层循环表示4个人依次从大集合中抓牌，把扑克牌放到小集合中
        player.add(cards.pop())
for player in players:                       #依次显示4个人手中的牌
    print(player)
```

以下是某次运行的结果。

```
{('♣','8'),('◇','2'),('♤','10'),('◇','10'),('♣','K'),('◇','6'),('♥','2'),('♣','A'),('♥','8'),('♣','9'),('♥','9'),('◇','5'),('◇','K')}
{('♤','9'),('♥','6'),('♥','K'),('◇','4'),('♤','8'),('♤','Q'),('♤','2'),('♣','5'),('♥','3'),('♣','6'),('◇','Q'),('♥','A'),('♤','A')}
{('♤','K'),('♥','5'),('♥','10'),('♤','J'),('◇','3'),('◇','9'),('♥','7'),('♣','3'),('♣','7'),('♣','J'),('◇','A'),('♣','3'),('♥','J')}
{('♤','6'),('♣','4'),('♥','Q'),('♣','2'),('♤','5'),('◇','8'),('♣','Q'),('◇','7'),('◇','J'),('♤','4'),('♤','7'),('♥','4'),('♣','10')}
```

多运行几次会发现每次的结果都不一样。这个程序并没有使用random库中的函数，但是也实现了随机分配数据。关键在于集合中的pop()函数与集合的存储方法密切相关，取出数据时具有随机性。如果使用列表来存储，就没有这种随机性，发牌之前需要进行洗牌。

程序中的花色是特殊符号，可以用中文输入法的特殊符号输入功能实现，本书编者使用的是搜狗输入法，在"符号大全"→"特殊符号"里可以找到这些符号。

【例7-16】数字全排列

给定1、2、3、4四个数字，要求每个数字刚好用一次，求出所有排列方式。

这是典型的全排列问题，4个数字有4!种排列方式，最小的是1234，最大的是4321。在计算机算法中，解决全排列的算法叫作回溯法。回溯法具有很强的通用性，可以解决很多问题，但是比较难，初学者不容易掌握，本书在此不做介绍。

对于这个问题，有个"投机取巧"的方案：我们可以从1234依次循环到4321，每次循环时检查4个数字是否符合规则，例如1324符合题目规则，但1334重复使用了数字3，所以不符合规则；1345使用了不在范围内的数字5，所以也不符合规则。循环很容易实现，难点是如何检查4个数字是否符合规则呢？

我们可以把任何一个要检查的四位数拆成四个一位数，例如把1234拆成1、2、3和4，然后放在集合中，再比较这个集合与标准集合是否相等。拆数字的方法我们已经介绍过，只需要将其转换为字符串，再把字符串转换为集合进行比较。

```
for num in range(1234,4322):
    st=set(str(num))                #将数字放在集合中
    if st=={'1','2','3','4'}:        #与标准集合进行比较，相等则说明符合规则
        print(num,end=" ")
```

程序运行结果如下。

```
1234 1243 1324 1342 1423 1432 2134 2143 2314 2341 2413 2431 3124 3142 3214 3241 3412 3421 4123 4132 4213 4231
4312 4321
```

习题

1、用户输入一个整数，请判断这个整数中是否有重复出现的数字，如果有则输出 False，否则输出 True。

2、给定一个长度为 n 的整数序列，从中随机挑出 m（$m<n$）个整数，不允许重复。

3、学校组织的夏令营有三项活动，分别是游泳、骑车和打篮球，每个人最多报两项，但是有些同学报了三项。假设你拿到了每项活动的报名名单，请编程找出报了三项活动的同学，并升序排列输出姓名。

4、接上题，输出只报了一项活动的同学名单。

5、接上题，分别输出同时报了游泳和骑车、骑车和打篮球、游泳和打篮球的同学名单。

6、接上题，假设给你全校同学的名单，请找出没报名的同学。

7、麻将牌由花色和点数组成，共有三种花色，分别是条、饼、万，点数是 1～9，每张牌都有 4 张完全一样的，例如 5 条有 4 张，一共有 3×9×4=108 张牌。现有 4 个玩家依次抓牌，每人抓 13 张，请用程序模拟抓牌过程，并显示每个玩家抓到的牌。

8、用户输入一个正整数 n（$n\leqslant 9$），请输出 1～n 这 n 个数字的全排列。

9、输出由字母 "A" "B" "C" "D" 组成的全排列（提示：将数字的排列转换成字符串的排列）。

10*、给定 0～9 共 10 个数字，将其分为 4 组，第 1 组是一个 1 位数，第 2 组是一个 2 位数，第 3 组是一个 3 位数，第 4 组是一个 4 位数。每个数都是一个完全平方数，而且 0～9 都只出现一次，求出所有满足条件的数。例如 0、16、784、5329 就是满足条件的一组数，1、36、784、9025 也满足条件。

第 **8** 章
字典

Python 中的字典（Dictionary，对应的关键字为 dict）是一种可变容器。字典中的每一个元素都是键:值对（Key:Value）类型，这种格式类似于词典中的"条目:解释"，这也是它名称的由来。字典和集合很相似，只能用来保存不重复的键值对，字典中的键是唯一的，互不相同，但是值可以相同。键只能存储不可变类型，例如整数、浮点数、字符串、元组等，无法存储列表、字典这些可变类型，值的类型则没有限制。

8.1 创建字典

Python 中的字典是内置的 dict 对象，它的形式与集合类似，不过它的每一个元素都是 "Key:Value"的形式，例如{'name':'Alice','score':92,'year':2023}。由于它存在从 Key 到 Value 的映射，因此也称为映射类型。

字典与集合相同，也是可变类型，提供了增加、删除、修改元素的相关函数，同时它也是"无序"的，元素不按照加入顺序存储而是按照哈希值存储。不过，字典可以通过索引值访问元素，这时索引值并不是元素所在的位置而是键。由于字典在形式上与集合类似，而且它的键不能重复，具有自动去重功能，所以有人认为集合是一种只有键而没有值的字典。

在 Python 中，创建字典可以使用枚举法或字典推导式。

Python 中的字典使用"{}"将若干键值对包裹起来，键值对之间用","隔开，每一个键值对都是字典的一个元素。

```
{key 1:value 1, key 2:value 2, ..., key n:value n}
```

元素个数没有限制，但是键必须是不可变类型，如果是列表这种可变类型，就不能作为键。

与元组一样，字典中的元素可以是同构的，也可以是异构的，可以根据实际需要灵活选用。字典中可以没有任何元素，这时它是空字典。空字典用"{}"或 dict()表示。同时，dict()函数可以将符合键值对形式的数据转换为字典。

字典也可以利用推导式来生成元素，使用方法几乎和集合推导式相同，字典推导式的基本格式如下。

```
{expression for elem in sequence}
```

或：

```
{expression for elem in sequence if condition}
```

与列表推导式相比，"[]"换成了"{}"；括号内的 for 循环与集合推导式完全相同，但必须是键值对形式。

📖　注意：枚举法和字典推导式都不能使用 dict() 的形式，这一点与列表、集合不一样。

【例 8-1】创建字典

```
>>>dct={'name': 'Alice', 'score': [92,85,88], 'year': 2023}          #枚举法创建字典
>>>dct                                                               #score 的值是一个列表
{'name': 'Alice', 'score': [92, 85, 88], 'year': 2023}
>>>dct={'name': 'Alice', 'score': [92,85,88], 'year': 2023, 'year':2022}
>>>dct                                                               #有两个键 year，字典会自动去重
{'name': 'Alice', 'score': [92, 85, 88], 'year': 2022}
>>>dct={'name': 'Alice', 'score':}                                   #缺少值会报错
   File "<pyshell>", line 1
      dct={'name': 'Alice', 'score':}
                                    ^
SyntaxError: invalid syntax
>>>dct={'name': 'Alice', 'score':None}                               #当无法确定值时，可以用 None 占位
>>>dct
{'name': 'Alice', 'score': None}
>>>dct={[1,2,3]:"error"}                                             #试图以列表作为键，报错
Traceback (most recent call last):
   File "<pyshell>", line 1, in <module>
TypeError: unhashable type: 'list'
>>>dct={}                                                            #生成一个空字典
>>>type(dct)
<class 'dict'>
>>>dct={x:ord(x) for x in "abcdefg" }                               #用字典推导式生成字典
>>>dct
{'a': 97, 'b': 98, 'c': 99, 'd': 100, 'e': 101, 'f': 102, 'g': 103}
```

除了枚举法和字典推导式，Python 还提供了 dict.fromkeys(seq[,value]) 方法来创建字典，它的第一个参数 seq 是一个序列类型，用于创建字典的键序列；第二个参数 value 是一个可选参数，它将所有值都设置为 value。

【例 8-2】利用序列创建字典

```
>>>seq=('name', 'age', 'sex')
>>>dct=dict.fromkeys(seq)                    #利用序列创建字典，所有值均为 None
>>>dct
```

```
{'name': None, 'age': None, 'sex': None}
>>>dct=dict.fromkeys(seq, 18)                    #指定所有值均为18
>>>dct
{'name': 18, 'age': 18, 'sex': 18}
```

大多数时候，我们需要在创建键时就为它指定相应的值。从例8-2中可以看出，利用序列创建字典无法灵活地为每一个键指定所需的值，所以用途并不广泛。要解决灵活指定的问题，要么使用推导式，要么利用循环一个个指定。我们先来介绍如何使用推导式解决这个问题。

由于字典在创建时必须同时指定键和值，这导致用传统的推导式生成字典很不方便，因为往往键来自一个序列，而值来自另一个序列。例如要形成下面的键值对：

键：	0	1	2	3	4	5	6	7	8	9	10	11	12	13	14	15
值：	'0'	'1'	'2'	'3'	'4'	'5'	'6'	'7'	'8'	'9'	'A'	'B'	'C'	'D'	'E'	'F'

我们往往会利用元组推导式：

```
key=tuple(x for x in range(16))
```

但元组推导式无法同时从两个序列中取数据。如果写成嵌套形式：

```
{k:v for k in key for v in value}
```

得到的字典并非我们想要的结果：

```
{0:'F',1:'F',2:'F',3:'F',4:'F',5:'F',6:'F',7:'F',8:'F',9:'F',10:'F',11:'F',12:'F',13:'F',14:'F',15:'F'}
```

在实际编程时经常要处理类似的问题，需要借助列表和元组来实现。对于上面这个例子，可以生成一个列表，列表的每个元素是一个元组。

```
[(key[0],value[0]),(key[1],value[1]),...]
```

只需要进行循环就可以同时从这个列表中取两个数据了，这时可以使用字典推导式来生成。现在的问题是如何生成这个列表。

【例8-3】利用两个序列创建字典

```
key=tuple(x for x in range(16))
value='0123456789ABCDEF'
lst=[]
for i in range(16):                    #生成列表
    lst.append((key[i],value[i]))
table={elem[0]:elem[1] for elem in lst}    #取出列表中的每个元组
print(table)
```

程序运行结果如下。

```
{0:'0',1:'1',2:'2',3:'3',4:'4',5:'5',6:'6',7:'7',8:'8',9:'9',10:'A',11:'B',12:'C',13:'D',14:'E',15:'F'}
```

这种方式可以实现我们需要的功能，但是仍然显得烦琐。Python提供了一个内置函数 zip() 来进行映射，它的基本形式如下。

```
zip(iterable 1,[iterable 2,[...]])
```

其中的 iterable 1 和 iterable 2 是可迭代对象。zip()函数最少需要一个可迭代对象，也可以有多个，它会将 n 个可迭代对象映射为一个元组。如果各个可迭代对象的元素个数不一致，则返回的序列长度与最短的对象相同。当然，可以使用"*"进行解包操作。

【例8-4】利用 zip() 函数映射两个序列

```
>>>key=(x for x in range(16))
>>>value='0123456789ABCDEF'
>>>zp=zip(key,value)                         #将两个序列的对应元素映射为元组
>>>print(*zp)                                #输出
(0,'0')(1,'1')(2,'2')(3,'3')(4,'4')(5,'5')(6,'6')(7,'7')(8,'8')(9,'9')(10,'A')(11,'B')(12,'C')(13,'D')(14,'E')(15,'F')
>>>zp=zip(key,value)                         #zp是生成器，使用后需要重新生成
>>>dct={elem[0]:elem[1]   for elem in zp}    #用字典推导式生成
>>>dct
{0:'0',1:'1',2:'2',3:'3',4:'4',5:'5',6:'6',7:'7',8:'8',9:'9',10:'A',11:'B',12:'C',13:'D',14:'E',15:'F'}
```

实际上，上面的代码可以压缩成一行。

```
dct={elem[0]:elem[1] for elem in zip((x for x in range(16)),'0123456789ABCDEF')}
```

如果不愿意使用字典推导式，还可以使用 dict() 函数创建字典。

```
dct=dict(zip((x for x in range(16)),'0123456789ABCDEF'))
```

它更简洁，不过没有字典推导式灵活。由这个例子可以看出 Python 代码的简洁性。

8.2　字典的操作

8.2.1　复制字典

复制字典有下面几种方法。
- 使用赋值号 "="，例如 dctB=dctA。
- 利用 dict() 函数生成一个新字典。
- 利用字典推导式生成一个新字典。
- 利用字典对象的 copy() 函数复制字典。

【例8-5】复制字典

```
>>>dct={'name': 'Alice', 'score': [92,85,88], 'year': 2023}
>>>dctA=dct                          #字典赋值
>>>dctA is dct                       #是同一个字典
True
>>>dctA=dict(dct)                    #利用dict()函数创建一个新字典
>>>dctA                              #元素完全一样
{'name': 'Alice', 'score': [92, 85, 88], 'year': 2023}
>>>dctA is dct                       #不是同一个字典
False
>>>dctA=dct.copy()                   #利用copy()函数创建一个新字典
>>>dctA                              #元素完全一样
{'name': 'Alice', 'score': [92, 85, 88], 'year': 2023}
>>>dctA is dct                       #不是同一个字典
False
```

如果要用字典推导式来复制一个字典，读者可能会想到：

```
>>>dctA={item for item in dct}
>>>dctA
{'name', 'score', 'year'}
```

根据字典推导式得到的并不是一个字典，而是一个集合，这显然不是我们需要的。这是因为for-each循环从字典中取出的并不是完整的元素，而是键。正确的写法是：

```
>>>dctA={k:v for k,v in dct.items()}
>>>dctA
{'name': 'Alice', 'score': [92, 85, 88], 'year': 2023}
```

8.2.2 利用视图遍历字典

遍历序列有两种方法。一种方法是利用索引值访问单个元素，然后将其放在一个循环中，将循环变量作为索引值，只要改变循环变量就可以遍历整个序列。但是这种方法对字典来说行不通，因为字典的索引值是键，而不是1、2、3这种有规律的值。另一种方法是使用for-each循环，它本质上是封装迭代器，利用迭代器访问序列中的每一个元素，这种方法适用于字典。

字典中的元素都是键值对类型，这决定了它的元素访问过程比其他序列类型更复杂。我们遍历字典时，可能要获取键或值，也可能要获取键值对。对于这些不同的需求，Python 提供了相应的方法，说明如下。

- dict.keys()：返回所有键组成的视图对象。
- dict.values()：返回所有值组成的视图对象。
- dict.items()：返回所有键值对组成的视图对象。

上面这几个方法返回的都是字典的动态视图，这意味着字典改变视图也会跟着改变。注意：视图对象不是列表，不支持索引，可以使用 list() 函数转换为列表。程序不能对视图对象进行修改，因为字典的视图对象是"只读"的。除了上述几种方法，如果使用迭代器直接访问字典，返回值是键。

【例8-6】遍历字典

```
dct={'name': 'Alice', 'score': [92,85,88], 'year': 2023, 'sex':'female'}
print("迭代器获取键： ", end="")
for keyname in dct:
    print(keyname, end=", ")
print("\nkeys()函数获取键： ", end="")
for keyname in dct.keys():
    print(keyname, end=", ")
print("\nvalues()函数获取值： ", end="")
for value in dct.values():
    print(value, end=", ")
print("\nitems()函数获取键值对： ", end="")
for item in dct.items():
    print(item, end=",")
```

运行情况如下。

```
迭代器获取键：name, score, year, sex,
keys()函数获取键：name, score, year, sex,
values()函数获取值：Alice, [92, 85, 88], 2023, female,
items()函数获取键值对：('name', 'Alice'),('score', [92, 85, 88]),('year', 2023),('sex', 'female'),
```

从输出结果来看，items()函数返回的是由键和值组成的元组，可以进一步从这个元组中取出键和值。

8.2.3　访问元素

for-each 循环遍历字典得到的元素是不可更改的，有时我们并不需要遍历所有元素，而希望得到某个指定元素的值，或修改这个元素的值。这个需求类似于对列表元素的访问。

在列表中，我们可以通过索引值直接访问某个元素（list[idx]）。在字典中可以使用键作为索引值来获取元素，基本形式是 dict[key_name]，它返回的是键对应的值，这个值是可以修改的。如果键不存在，会抛出异常。

【例 8-7】访问和修改元素

```
>>>dct={'name': 'Alice', 'score': [92,85,88], 'year': 2023, 'sex':'female'}
>>>dct['name']                          #利用键作为索引值获取值
'Alice'
>>>dct['year']=2022                     #修改值
>>>dct
{'name': 'Alice', 'score': [92, 85, 88], 'year': 2022, 'sex': 'female'}
>>>dct['error']                         #如果键不存在，会抛出异常
Traceback (most recent call last):
   File "<pyshell>", line 1, in <module>
KeyError: 'error'
```

在例 8-7 中，如果需要屏蔽异常信息，则会捕获异常或提前查找键是否存在，这需要用到字典的查找功能。

如果作为索引值的键不存在，而同时对这个元素进行赋值，会向字典中插入一个新元素，这时不会抛出异常。

8.2.4　查找元素

字典只提供了查找键的方法，没有提供直接查找值的方法。查找元素的方法有两种，一种是利用"in"运算符，另一种是利用 get()函数，它的形式如下。

```
dict.get(key[,value])
```

参数 key 是要查找的键；参数 value 可以省略，也可以指定默认值；函数会返回键对应的值；如果没有找到，返回 None 或指定的默认值。

另一个类似的函数是 setdefault()，它的形式如下。

```
dict.setdefault(key [,default=None])
```

如果 key 在字典中，返回对应的值。如果不在字典中则插入 key 及指定的默认值 default，并返回该值（default 的默认值为 None）。

【例8-8】查找元素

```
>>>dct={'name': 'Alice', 'score': [92,85,88], 'year': 2023, 'sex':'female'}
>>>'score' in dct                    #in 运算符默认在键中查找
True
>>>'score' in dct.keys()             #也可以利用 keys()函数获取键视图再查找
True
>>>2023 in dct.values()              #获取值视图再查找
True
>>>dct.get('score')                  #用 get()函数查找指定键对应的值
[92, 85, 88]
>>>print(dct.get('nobody'))          #如果没有找到指定键，返回 None
None
>>>dct.get('nobody','not key')       #可以指定默认返回值
'not key'
>>>dct.setdefault('name')            #setdefault()函数也可以用于查找值
'Alice'
>>>dct.setdefault('name', 'Bob')     #键存在时，default 设置无效
'Alice'
>>>dct.setdefault('address', 'xiangtan')  #键不存在时，增加新键，并设置值
'xiangtan'
>>>dct
{'name': 'Alice', 'score': [92, 85, 88], 'year': 2023, 'sex': 'female', 'address': 'xiangtan'}
```

8.2.5 修改和增加元素

Python 没有提供增加字典元素的函数。它的实现思路是将修改元素的操作和增加元素的操作合并，如果键存在，则修改值；如果键不存在，则插入键值对。

注意：只有值能被修改，键不能被修改。修改值的一种方式是使用 "dict[key_name]=new_value"，这也是最常见的形式。另一种方式是使用 update()函数，形式如下。

```
dict.update(other_dict)
```

这个函数会用 other_dict 中的元素来更新字典中的元素，如果键存在，则更新为 other_dict 中的值；如果不存在，则插入新键值对。

另外，字典的查找函数 setdefault()也可以在查找的同时增加不存在的键值对。

【例8-9】修改和增加元素

```
>>>dct={'name':'Alice', 'score':90}
>>>dct['name']='Bob'                 #键 name 存在，修改它的值
>>>dct
{'name': 'Bob', 'score': 90}
>>>dct['sex']='male'                 #键 sex 不存在，增加键值对
```

```
>>>dct
{'name': 'Bob', 'score': 90, 'sex': 'male'}
>>>othdct={'score':85, 'address':'xiangtan'}
>>>dct.update(othdct)                #用另一个字典来更新
>>>dct                               #键 score 存在，修改它的值；address 不存在，增加新键值对
{'name': 'Bob', 'score': 85, 'sex': 'male', 'address': 'xiangtan'}
>>>dct.setdefault('age',20)          #利用动态查找增加新键值对
20
>>>dct
{'name': 'Bob', 'score': 85, 'sex': 'male', 'address': 'xiangtan', 'age': 20}
```

Python 将修改和增加元素、查找和增加元素操作混合在一起，初衷是为了使代码更简洁，但是不太符合普通用户的习惯，对初学者很不友好。读者编程时需要格外小心，避免写错键将修改操作变成增加操作。

8.2.6 删除元素

当我们不再需要字典中的某些元素时，可以删除指定元素。删除元素的方法如下。

- dict.popitem()：删除并返回最后一个键值对。
- dict.pop(key[,default])：删除 key 对应的值，返回被删除的值。key 不存在时返回 default 的值；如果 key 不存在且没有指定默认值，抛出 KeyError 异常。
- dict.clear()：清空整个字典。
- del dictname：删除整个字典，删除之后字典就不存在了。

【例 8-10】删除元素

```
>>>dct={'name': 'Bob', 'score': 85, 'age': 20, 'sex': 'male', 'address': 'xiangtan'}
>>>dct.popitem()                     #删除并返回最后一个键值对
('address', 'xiangtan')
>>>dct                               #删除成功
{'name': 'Bob', 'score': 85, 'age': 20, 'sex': 'male'}
>>>dct.pop('sex')                    #删除指定键的值
'male'                               #返回对应的值
>>>dct                               #删除成功
{'name': 'Bob', 'score': 85, 'age': 20}
>>>dct.pop('sex', 'female')          #删除一个不存在的键，并指定默认值
'female'
>>>dct                               #字典没有变化
{'name': 'Bob', 'score': 85, 'age': 20}
>>>dct.pop('sex')                    #删除一个不存在的键，没有指定默认值，抛出异常
Traceback (most recent call last):
    File "<pyshell>", line 1, in <module>
KeyError: 'sex'
>>>dct.clear()                       #清空字典
>>>dct
{}
```

```
>>>del dct                              #删除字典
>>>dct                                  #字典已经不存在了
Traceback (most recent call last):
    File "<pyshell>", line 1, in <module>
NameError: name 'dct' is not defined
```

8.2.7 元素排序

内置函数 sorted()可用于集合元素的排序，也可以用于字典元素的排序，它会生成一个新列表。不过，在对字典元素排序时，通常需要指定排序的依据，默认情况下会按照键排序，如果需要按照值排序，就需要用key参数指定。

【例8-11】元素排序

```
names=("Alice","Tristan","Bryan","Sean","Cole","Thomas", \
    "Cameron","Hunter","Austin","Bob","Connor")
score=(92,88,78,90,69,84,71,85,90,66,88)
dct=dict(zip(names, score))                #用两个序列创建字典
print(dct)
print("sorted by names:")
#排序对象是键值对，需要用items()函数取出视图；默认的排序依据是键
print(sorted(dct.items()))
print("sorted by score:")
#排序对象是键值对，改变默认的排序依据，变成值
print(sorted(dct.items(), key=lambda x:x[1]))
print("descending sorted by score:")
#按成绩降序排列
print(sorted(dct.items(), key=lambda x:x[1], reverse=True))
```

程序运行结果如下。

```
{'Alice': 92, 'Tristan': 88, 'Bryan': 78, 'Sean': 90, 'Cole': 69, 'Thomas': 84, 'Camer on': 71, 'Hunter': 85, 'Austin': 90, 'Bob': 66, 'Connor': 88}
sorted by names:
[('Alice', 92), ('Austin', 90), ('Bob', 66), ('Bryan', 78), ('Cameron', 71), ('Cole', 69), ('Connor', 88), ('Hunter', 85), ('Sean', 90),
('Thomas', 84), ('Tristan', 88)]
sorted by score:
[('Bob', 66), ('Cole', 69), ('Cameron', 71), ('Bryan', 78), ('Thomas', 84), ('Hunter', 85), ('Tristan', 88), ('Connor', 88), ('Sean', 90),
('Austin', 90), ('Alice', 92)]
descending sorted by score:
[('Alice', 92), ('Sean', 90), ('Austin', 90), ('Tristan', 88), ('Connor', 88), ('Hunter', 85), ('Thomas', 84), ('Bryan', 78), ('Cameron',
71), ('Cole', 69), ('Bob', 66)]
```

8.3 综合示例

【例8-12】统计每个数出现的次数

给定*n*个数，统计每个数出现的次数。类似的问题我们在第6章曾解决过，但是程序效率

不高，使用字典来解决这个问题更简洁、高效。我们以数作为键，以它出现的次数作为值来构造字典。每给定一个数，就查找它是否在字典中，如果在就将它的值加1；否则增加一个新的"数字:次数"元素。

```
import random as rd
tp=tuple(rd.randint(0,10) for x in range(20))        #生成一组随机数
print(tp)

dct={}                                               #用于统计的空字典
for num in tp:                                        #遍历找到每一个数
    if num in dct:                                    #查找该数是否在字典中
        dct[num] += 1
    else:
        dct[num]=1
print(dct)
```

程序运行结果如下。

```
(4, 10, 6, 5, 0, 10, 2, 6, 3, 3, 0, 0, 5, 4, 5, 6, 7, 7, 6, 7)
{4: 2, 10: 2, 6: 4, 5: 3, 0: 3, 2: 1, 3: 2, 7: 3}
```

这个程序的运行效率很高，但仍不够简洁。实际上 Python 提供了统计函数 count()，可实现计数功能。而且字典本身有去重功能，数字作为键不会重复出现。下面是改进后的代码。

```
import random as rd
tp=tuple(rd.randint(0,10) for x in range(20))
print(tp)
dct={x:tp.count(x) for x in tp}
print(dct)
```

【例8-13】组装 JSON 数据

JSON（JavaScript Object Notation）是一种轻量级的数据交互格式。它采用完全独立于语言的文本格式，易于解析与生成，是目前使用最广泛的数据交换格式。JSON 数据也是采用键值对的形式来组织的，例如{"first":"aaa","second":"bbb","third":"ccc"}就是最简单的 JSON 数据。当然，它也可以是下面这种复杂形式。

```
{"company": ["IBM", "Microsoft", "Google", "Facebook"] "people": [{"first":"James", "second":"Brown"}, {"first":"Alex",
"second": "Miller"},{"first":"John", "second ":"Davis"}, {"first":"Tomas", "second":"Wilson"}]}
```

假定有两个列表，一个列表中的元素是人名，用一个元组表示（first_name,second_name）；另一个列表是人名对应的公司名称，每个元素都是一个字符串。请编程将其组装成JSON数据。

可以看出，JSON 数据可以用字典来表示。实际上，Python 专门为处理JSON 数据提供了json库。不过这里不需要功能强大的json库，只需要按照题目要求组装成JSON 数据。

JSON 数据有两个固定的键，分别是"company"和"people"，其中"company"对应的值是一个普通的字符串列表，与题目提供的数据一致。问题的关键是转换"people"对应的值，它也是一个列表，它的每个元素都是一个字典，其值来自一个元组，这需要用循环结构处理。示例程序如下。

```
company=["IBM", "Microsoft", "Google", "Facebook"]
people=[("James","Brown"),    ("Alex","Miller"),\
```

```
    ("John","Davis"), ("Tomas","Wilson")]
#将 people 里的元组转换为字典
dctinlst=[]
for tp in people:
    dct={"first":tp[0], "second":tp[1]}        #元组的元素作为字典的值
    dctinlst.append(dct)
JSONdct={"company":company, "people":dctinlst}
print(JSONdct)
```

在这个例子中，值是字典形式，这称为字典的嵌套。

【例8-14】汇总选修课成绩

学校有三门选修课，分别是Python、C语言和Java，每人最少选一门，最多选三门。现有三个列表，每个列表表示一门课的成绩，格式是("Alice", 85)。现在需要将成绩汇总，组成一个字典，键值对的格式为"姓名:[{科目:成绩}]"，例如{"Alice":[{"C":80},{"Java":85},{"Python":77}]}，汇总完成后输出每个人的成绩。

这个问题与例8-13有些类似，两者都是"字典-列表-字典"的嵌套结构。区别在于例8-13最后构成一个异构字典（不同的键表示不同的意义，对应的值也有不同的意义）。而这个问题最后构成一个同构字典。这个问题还有个难点：成绩是一个列表，而这个列表的长度是不固定的，因为不同学生选修的课程不一样，因此这个列表里的元素只能逐步增加。

增加列表元素的方法有两种，一种方法是在汇总字典里固定一个学生（例如Alice），然后分别到三个成绩列表里找对应的成绩。一个学生处理完之后再去处理另一个学生的成绩。另一种方法是依次遍历三个成绩列表，每访问一个学生的成绩，就到汇总字典里找这个学生，并增加这个学生的该门成绩，一共处理两轮（第一轮可以单独处理），就可以把所有数据处理完毕。

对比这两种方法可知，第一种方法是分别在三个成绩列表里查找学生，第二种方法是在汇总字典里查找学生。在字典中查找键的方法更简单且速度更快，所以这里选用第二种方法。

```
C_score=[("Bryan",80),("Sean",79),("Cole",65),("Thomas",90),("Cameron",88),\
    ("Hunter",65),("Austin",56),("Adrian",78),("Connor",60)]
Python_score=[("Cameron",85),("Hunter", 66),("Austin",73),("Adrian",91),("Brown",79),\
    ("Connor",94),("Smith",89),("Johnson",90    ),("Williams",81),("Jones",83)]
Java_score=[("Sean",83),("Cole",79),("Thomas",80),("Cameron",91),("Hunter",77),\
    ("Austin",65),("Adrian",69),("Smith",54),("Johnson",70),("Williams",81),\
    ("Wilson",77),("Miller",92)]
#将 C 语言成绩放入汇总字典中
collect={elem[0]:[{"C":elem[1]}] for elem in C_score}
#将 Python 成绩放入汇总字典中
for elem in Python_score:
    if elem[0] in collect:
        collect[elem[0]] += [{"Python":elem[1]}]
    else:
        collect[elem[0]]=[{"Python":elem[1]}]
#将 Java 成绩放入汇总字典中
```

```
for elem in Java_score:
    if elem[0] in collect:
        collect[elem[0]] += [{"Java":elem[1]}]
    else:
        collect[elem[0]]=[{"Java":elem[1]}]
print(collect)
```

程序运行结果如下。

{'Bryan': [{'C': 80}], 'Sean': [{'C': 79}, {'Java': 83}], 'Cole': [{'C': 65}, {'Java': 79}], 'Thomas': [{'C': 90}, {'Java': 80}], 'Cameron': [{'C': 88}, {'Python': 85}, {'Java': 91}], 'Hunter': [{'C': 65}, {'Python': 66}, {'Java': 77}], 'Austin': [{'C': 56}, {'Python': 73}, {'Java': 65}], 'Adrian': [{'C': 78}, {'Python': 91}, {'Java': 69}], 'Connor': [{'C': 60}, {'Python': 94}], 'Brown': [{'Python': 79}], 'Smith': [{'Python': 89}, {'Java': 54}], 'Johnson': [{'Python': 90}, {'Java': 70}], 'Williams': [{'Python': 81}, {'Java': 81}], 'Jones': [{'Python': 83}], 'Wilson': [{'Java': 77}], 'Miller': [{'Java': 92}]}

这个示例在日常编程中很有作用，请读者务必仔细阅读程序，掌握解决问题的思路。

习题

1、随机产生 n 个整数，统计每个整数出现的次数，并按照出现次数从高到低排序。

2、输入一些单词，统计每个单词出现的次数，并按照出现次数从高到低排序。

3、期末考试结束了，班上的每位同学都参加了语文、数学和英语考试，用三个列表代表这三门考试的成绩，列表中的元素是每个同学的分数。还有一个列表记录了同学名单，与这三个列表一一对应。请将其汇总成字典，字典中的元素是"姓名：[语文成绩，数学成绩，英语成绩]"的形式，然后按照总分降序输出。

4、接上题。学校规定只要有一门课程的成绩不及格，则考试不合格。请输出所有不合格的同学名单以及不合格的科目和成绩。

5、学校组织的夏令营有三项运动，分别是游泳、骑车和打篮球，分别用三个列表代表这三项运动，列表中的元素是参加运动的同学姓名。有些同学只参加了一项运动，有些同学同时参加了两项甚至三项运动。请汇总成字典，字典中的元素是"姓名：["游泳"，"骑车"，"打篮球"]"的形式，然后以两种方式输出：按照姓名升序排列；按照参加运动项目的多少升序排列。

6、给定一个字典，将其中的所有键和值互换，不考虑值重复的情况。例如将{"name"："Brown"，"sex":"male"}变成{"Brown":"name"，"male":"sex"}。

第 9 章
函数

函数是封装好的、可重复使用的、用来实现相关功能的代码段。它类似于数学中的函数，给定输入参数之后，会有确定的输出（返回）结果。Python 是函数式编程语言，可以说 Python 程序的工作是由各式各样的函数完成的。使用函数编程可以使程序的层次结构更清晰，便于程序的编写、阅读和调试。

与函数相关的知识点很多，特别是参数传递部分的知识点很零散，建议初学者将主要精力放在常用知识点上，暂时略过带"*"的小节。

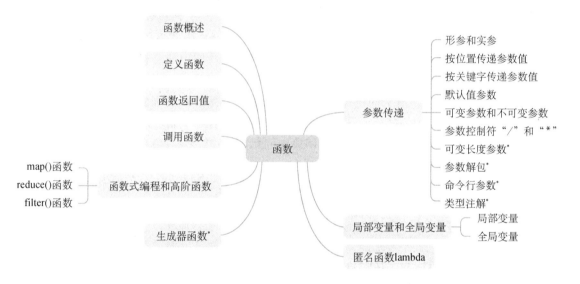

9.1　函数概述

函数的概念来自数学，Python 中的函数与数学中的函数本质上是相同的：给定一些输入数据，可以得到确定的输出数据。但 Python 中的函数在形式和功能上更灵活。通常在 Python 中，函数用来完成某一专门的任务，这个任务可能对应数学中的某个函数，例如求 n 的阶乘；也可能是完成某项非数学功能，例如输出一个字符串。

实用程序往往由多个函数组成。用户在设计一个复杂的程序时，会把整个程序划分为一些功能单一的库，然后分别实现，再把所有库像搭积木一样拼装起来。这种程序设计中"分而治之"的策略称为库化程序设计。

函数是实现库化程序设计的最有力的武器，它使用一个标识符（即函数名）来代表一组连续的语句，用户只需要知道它能做什么而不必关心它是怎样实现的。因此，这组语句被当作一个整体来看待，被抽象为一个名字。在函数的使用者看来，函数就是一个"黑盒子"，只要输入数据就能得到正确的结果。至于函数内部是如何运行的，使用者无须知道。

在进行库化程序设计时，一般会将需要完成的任务划分成比较简单的小任务，如果这些小任务仍然不太容易实现，就继续划分下去，直到每个小任务都能用比较简短的代码实现；在划分的过程中不必考虑这些代码具体是如何实现的，这一过程称为"自顶向下，逐步求精"。

用户通过对函数的调用来"拼装"程序，进而完成程序设计任务。一个 Python 源程序中函数调用的示意图如图 9-1 所示。

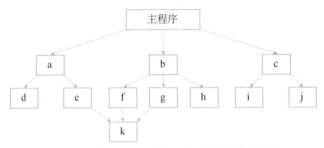

图 9-1　一个 Python 源程序中函数调用的示意图

在图 9-1 中，函数 k 被多次调用，这样可以减少重复编写代码的工作量。Python 不仅提供了丰富的函数，还允许用户自定义函数。用户可以把自己的算法编成一个个相对独立的函数，然后通过调用的方式来使用。这样做是为了提高代码的重用率。

Python 是函数式编程语言。与传统的过程化编程语言相比，函数可随时随地被调用，使用形式多种多样，更接近人类的自然语言，使用起来更方便。用户也可以自己创建函数，叫作用户自定义函数。

9.2　定义函数

定义函数是指编写一个完整的函数，包括函数的名称、参数以及完整的代码。基本的函数定义格式如下。

```
def 函数名(参数列表):
    函数体
```

定义函数的基本规则如下。

- 必须以 def 关键词开头，后接函数名称和"()"以及":"。
- 函数名称是用户自定义标识符，遵循和变量名称相同的命名规则。
- 可以没有参数，但是"()"不能省略。
- 函数内容以":"开始，函数体必须相对于 def 关键字缩进。
- 函数定义可以写在源程序的任意部分，但它不会被自动运行，只有被调用时才会运行。

【例 9-1】定义函数

```
def show_stars():
```

```
    '''函数功能：输出一行星号'''
    print("*****************")


def show_msg(msg):
    '''函数功能：输出参数 msg 的值'''
    print(msg)


#程序代码从这里开始运行
show_stars()
show_msg("hello, world")
show_stars()
```

程序的运行结果如下。

```
*****************
hello, world
*****************
```

这是一个完整的 Python 源程序，在这个程序中，一共显式地出现了 3 个函数，下面分别予以说明。

● 一个程序由若干函数组成，这些函数可以写在一个文件中，也可以写在多个文件中。如果写在多个文件中，就需要以库的形式组织，用 import 语句来引入。本书作为入门教材，不会出现这样复杂的程序，通常会把所有函数放在一个文件中。

● Python 程序从源文件中第一行不在函数中的可运行代码开始运行，在例 9-1 中，第一行不在函数中的代码是 "show_stars()"，尽管它写在两个函数之后，但仍然是第一条被运行的语句。

● show_stars()和 show_msg()函数是由用户写的，称为用户自定义函数。可以看出，用户自定义函数可以调用库函数 print()。

● 从参数的形式上看，show_stars()函数没有参数，称为无参函数。尽管没有参数，但不能省略函数名后面的括号。show_msg()函数有参数，称为有参函数。

● 所有函数的地位都是平等的。定义时是相互独立的，也可以互相调用。

● show_stars()和 show_msg()函数体的第一行都是用三个单引号包裹起来的注释语句，它不是必需的。一般会在注释里写清楚函数功能、参数要求、返回值意义等对整个函数进行描述的内容。这样在编程时 IDE 会自动提取这些信息，并展示给用户。建议读者在编程时养成随手写注释的习惯。

9.3 函数返回值

在例 9-1 中，show_msg()函数只在屏幕上输出一些信息。虽然用户可以看到输出信息，但函数的调用者无法知道这个函数的运行情况，也不知道是否运行成功以及结果如何。在大多数情况下，调用者需要知道被调用函数是否正常运行，就像数学函数 $y=f(x)$ 一样，需要被调用函数计算出一个确定的值。

show_msg()函数无返回值是因为缺乏 return 语句。要返回一个值，就需要用到一个关键字：

return。这个关键字的含义是：一旦程序运行到此处（不论其后面是否还有语句），就立即返回。至于返回到哪里，要看函数是被谁调用的，因为 return 语句会返回当初的调用点。关于这一点，下一节将详细介绍。

return 语句有两种形式，其中一种是：

```
return
```

这种形式表示程序流程将返回调用点，但不会将值传递给调用者。更常用的形式是：

```
return  表达式
```

这里的表达式可以是任意合法的表达式。程序一旦运行到 return 语句处，会将 return 后面的表达式计算出来，然后立即返回调用点，把计算出来的值传递给调用者。

一个函数可以有多个 return 语句，但在一次运行过程中最多只有一个 return 语句被运行。因为一旦某个 return 语句被运行，其所属的函数将终止运行，程序流程将立即返回调用点。注意：show_stars() 和 show_msg() 函数并没有 return 语句，在这种情况下函数会运行至函数体的最后一条语句，然后返回调用点。

【例 9-2】返回两个数中的较大值

```
def maxnum(x,y):
    if x>y:
        return x
    else:
        return y
```

这个函数的功能比较简单，即比较 x 和 y 的值，返回较大值。函数之所以没有取名为 max()，是因为 max() 是内置函数，用户自定义函数尽量不要和内置函数同名。

此函数有两个 return 语句，函数被调用时只有一个 return 语句被运行。例如当 x=200、y=100 时，第一个 return 语句被运行；如果 x=100、y=200，则第二个 return 语句被运行。

这里用了 if-else 语句返回值，实际上也可以写成条件表达式。

```
def maxnum(x,y):
    return x if x>y else y
```

程序运行至条件表达式时，会根据 x 和 y 的值计算出表达式的值，然后由 return 语句返回给调用者。

return 语句除了返回值，还可以用于流程控制，提前结束循环。

【例 9-3】判断质数的函数

我们在第 3 章中已经介绍过判断质数的算法，这里不再重复。在本例中，我们将这个算法封装成函数 isprime(num)，当参数 num 为质数时返回 True，否则返回 False。

```
def isprime(num):
    end=int(num**0.5)+1
    for i in range(2,end):
        if num%i==0:              #如果能除尽某个数，立即返回结果，提前结束循环
            return False
    return True                   #所有数都除不尽，才能说明是质数
```

```
number=int(input("please input a number:"))
if(isprime(number)):
    print(f"{number} is a prime number")
else:
    print(f"{number} is composite number")
```

只要num能除尽某个数，就说明这个数不是质数。在第3章中，为了提前结束循环，程序使用了break语句，而在这个示例中无须使用break语句，直接用return语句就可以从循环中跳出。

我们还可以进一步改进这个函数。除2之外的所有偶数都是合数，所以循环时只需要测试所有奇数，这样可以将运行效率提高一倍。下面是修改后的函数。

```
def isprime(num):
    if num==2: return True            #单独测试 2，立即返回
    if num%2==0: return False         #偶数立即返回
    end=int(num**0.5)+1
    for i in range(3,end,2):          #从3开始，只对奇数进行测试
        if num%i==0:
            return False
    return True
```

虽然修改了函数内部的代码，但调用函数的代码是无须修改的，这也是使用函数的一个好处。如果没有函数，需要用多个if-elif语句；有了函数，可以用return语句控制流程，程序的可读性提升了很多。

还有一点给读者的建议是，在函数中我们一般不会调用输入函数input()和输出函数print()，除非这个函数是专门的输入或输出函数。输入和输出工作一般由主程序完成。**对于函数而言，参数就是输入信息，返回值就是输出信息**，它只需要实现自己的功能，无须和用户进行交互。

最后还要补充的是，除了用return语句控制程序流程，还可以用yield语句返回，这属于生成器函数的范畴，后面会详细介绍。

9.4　调用函数

函数定义只说明了这个函数可以做什么事情。如果不调用它，这个函数就永远不会运行，自然也无法完成预定的功能。要让它运行起来，就需要调用这个函数。调用函数的一般形式是：

```
函数名([实参列表])
```

例如要调用例9-2中的函数maxnum()，可写成：

```
c=maxnum(a,b)
```

这里要注意的是，实参必须与定义函数时的形参一一对应。关于这一点，下一节将详细介绍。

函数的调用是一个表达式，它能成为一条单独的语句，例如：

```
print("Hello world")
```

函数调用也可以参与表达式的运算，例如：

```
s=maxnum(a,b)+maxnum(c,d)
```

更复杂的形式是让表达式成为函数的一个参数，这是因为函数的实参可以是表达式，而函数调用也是表达式，例如：

```
print("max=%d"%maxnum(a,b))
```

这个例子连续调用了两个函数，其中maxnum()函数是print()函数的实参。

【例9-4】输入3个数，输出最大的数

```
def maxnum(x,y):
    if x>y:
        return x
    else:
        return y

a,b,c=map(int,input("please input three numbers:").split())
m=maxnum(a,b)
m=maxnum(m,c)
print(f"max number is: {m}")
```

这个程序两次调用了自定义函数maxnum()。站在函数调用者的角度，不必知道这个函数是如何实现的，只需要知道这个函数一定会得到两个数中较大的那个数。在调用者看来，似乎 m=maxnum(a,b)这条语句一步就得到了想要的结果。但实际上，程序的流程在此处发生了转移，如图9-2所示。

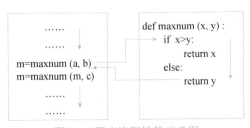

图9-2 程序流程转移示意图

图9-2 中箭头的方向指示了程序的流程。当程序运行至 maxnum()函数时，流程会转入maxnum()函数内部，在该函数的内部运行至return语句，再返回调用点，将值交给调用者，然后继续往下运行。

这里是以maxnum()函数为例来讲解的，实际上任何一个函数的调用过程都是如此。不过在考虑问题时，我们往往会进行抽象，即不考虑函数的具体运行过程，而认为函数可以"一步"就得出正确结果，这样有助于解决复杂问题。

例9-4的程序调用了两次maxnum()函数，实际上这两条语句可以写成：

```
m=maxnum(maxnum(a,b),c)
```

程序会先调用内层的 maxnum() 函数获得其返回值，然后将这个值作为实参，再次调用外层的 maxnum() 函数。由这个例子可以看出，有返回值的函数可以作为一个常量，出现在任何常量可以出现的地方。

9.5　参数传递

通常情况下，被调用函数需要调用者提供一些数据，函数要么对这些数据进行处理，要么根据这些数据做某些特定的事情。这些数据通常以参数的形式进行传递。

9.5.1　形参和实参

在定义函数时，写在函数名后面的括号中的变量称为"形式参数"，简称"形参"。在调用函数时，写在函数名后面的括号中的表达式称为"实际参数"，简称"实参"。

例 9-2 的程序对 maxnum() 函数的声明是：

```
def maxnum(x, y):
```

括号中的变量 x 和 y 就是形参。对于形参，Python 的规定如下。
- 形参可以有若干个，最少有 0 个。如果多于 1 个，则参数之间用逗号隔开，只有最后一个参数后面不需要逗号。
- 形参只能是变量，不能是 a+b 之类的表达式，也不能是 123 之类的字面常量。
- 形参在定义时既没有值，也没有数据类型，它的值和数据类型都是由实参传递给它的。
- 形参只在定义它的函数中可以被使用。该函数被调用时，会为形参分配内存空间，函数运行完毕后形参占用的空间被系统收回。形参本质上是一个局部变量（关于局部变量的介绍参见 9.6 节）。

在调用函数时，调用者需要提供实参。对于实参，Python 的规定如下。
- 实参的个数由形参决定。例如要调用 maxnum() 函数，则必须提供两个实参。
- 实参可以是任意合法的变量、常量或表达式。例如 maxnum(2,4)、maxnum(a,b)、maxnum(2*3, a)、maxnum(maxnum(a,b),c) 都是合法的调用形式。

形参和实参的关系是：形参决定了实参的个数，实参决定了形参的值，也就是说实参会将自己的值传递给形参。

在 Python 中，传递参数值的形式比较多，例如按位置传递、按关键字传递等。

9.5.2　按位置传递参数值

调用函数时，实参会向形参"传值"，即将自己的值传递给形参。如果函数有两个或两个以上形参，那么实参如何找到要接收的形参呢？在默认情况下，Python 采用按位置传递参数值的方法，即第一个实参传递给第一个形参，第二个实参传递给第二个形参……"传值"过程只与实参和形参的位置有关，与其名称无关，如图 9-3 所示。

图 9-3　按位置传递参数值

【例9-5】按位置传递参数值

```
def show(a,b):
    print(f"a={a}, b={b}")
a,b=100,200
show(a,b)
show(b,a)
```

程序功能很简单，注意定义的函数头是 show(a,b)。

函数调用了两次，分别是show(a,b)和show(b,a)，第二次调用时实参交换了顺序。两次的输出结果是否一样呢？

在第二次调用过程中，第一个实参b的值应该传给第一个形参a，第二个实参a的值应该传给第二个形参b。故正确的输出结果如下。

```
a=100, b=200
a=200, b=100
```

由这个例子可以看出，实参和形参的名称与"传值"过程没有任何关系。"传值"过程只与位置有关，如图9-4所示。

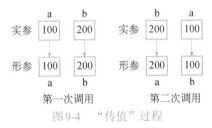

图9-4 "传值"过程

9.5.3 按关键字传递参数值

按位置传递参数值是最简单也最常用的方式，但它也有不足，当参数个数比较多且有些参数可以省略时，这种方式无法省略参数，这对用户来说不太友好。针对这个问题，Python 提供了按关键字传递参数值的方法。

按关键字传递参数值是指在调用时指定为某个形参赋值，这时需要将形参的名称也写在括号里，例如 print(s,end=" ")，这里的end也叫关键字参数。

有了关键字参数，调用函数时允许参数的顺序与声明时不一致，因为 Python 解释器能用参数名称匹配参数值，将值传给指定了名称的形参，这样书写顺序更灵活。但需要注意的是，如果没有指定参数名称，则仍然按位置传递参数值。

【例9-6】按关键字传递参数值

```
>>>def show(name, age, score):
    print(f"name is:{name}, age is:{age}, score is:{score}")

>>>show("Alice", 18, 90)                  #按关键字传递参数值
name is:Alice, age is:18, score is:90
>>>show("Bob", score=88, age=19)          #第一个是位置参数，后两个是关键字参数，它们交换了顺序
name is:Bob, age is:19, score is:88
>>>show("John", 20, score=91)             #前两个是位置参数，最后一个是关键字参数
```

```
name is:John, age is:20, score is:91
>>>show(score=91, age=19, name="Jordan" )          #关键字参数的顺序可以打乱
name is:Jordan, age is:19, score is:91
>>>show(name="John", 20, score=91)                 #位置参数在关键字参数之后，运行错误
    File "<pyshell>", line 1
SyntaxError: positional argument follows keyword argument
```

9.5.4 默认值参数

定义函数时，可以给形参设置默认值，例如 def show(name,age,score=60)语句给形参 score 设置默认值 60。调用函数时，如果没有为 score 传递参数值，那么 score 就会使用默认值 60。有了默认值参数，调用者可以少写代码。我们调用 print()函数时，往往没有传递 sep 和 end 参数值，就是因为这两个参数是默认值参数。

如果一个形参没有设置默认值，那么这个参数称为必备参数。调用函数时，必备参数必须有对应的实参，而且所有默认值参数必须放在必备参数后面。例如，下面这种定义方法就是错误的。

```
>>>def show(name="nobody", age, score):
    print(f"name is:{name}, age is:{age}, score is:{score}")
    File "<pyshell>", line 1
SyntaxError: non-default argument follows default argument
```

【例9-7】默认值参数

```
>>>def show(name, age=18, score=60):               #定义两个默认值参数
    print(f"name is:{name}, age is:{age}, score is:{score}")

>>>show("Alice", 19, 75)                           #这里使用的是按位置传递参数值的方式，覆盖了默认值
name is:Alice, age is:19, score is:75
>>>show("Bob",20)                                  #覆盖了 age 的默认值，使用 score 的默认值
name is:Bob, age is:20, score is:60
>>>show("John")                                    #使用两个默认值
name is:John, age is:18, score is:60
>>>show("Brown", score=75)                         #省略了 age 参数，传值给 score，这时必须按关键字传递参数值
name is:Brown, age is:18, score is:75
>>>show("Jordan", score=80, age=21)                #按关键字传递参数值，可以交换顺序
name is:Jordan, age is:21, score is:80
>>>show(name="Smith", 20, 100)                     #先按关键字传递参数值，后按位置传递参数值，这是不允许的
    File "<pyshell>", line 1
SyntaxError: positional argument follows keyword argument
>>>show(name="Smith")                              #按关键字传递参数值，后面的参数使用默认值，正确
name is:Smith, age is:18, score is:60
>>>show(name="Smith", age=20, score=100)           #全部按关键字传递参数值，正确
name is:Smith, age is:20, score is:100
```

144

Python 没有规定默认值参数的数量，理论上所有参数都可以是默认值参数。

```
>>>def show(name="nobody", age=18, score=60):
    print(f"name is:{name}, age is:{age}, score is:{score}")


>>>show()
name is:nobody, age is:18, score is:60
```

其实，在之前的章节中我们用 print() 函数输出一个换行符就是使用了默认值参数。

9.5.5 可变参数和不可变参数

按位置传递参数值和按关键字传递参数值都是实参将自己的值传递给形参。这里有两个问题需要解答。传递之后，形参与实参到底是什么样的关系？如果在函数中改变形参的值，是否会影响实参的值？

我们先来探讨第一个问题。Python 中的 id() 函数可以获取变量的 id 值，我们可以分别输出实参和形参的 id 值来看它们的关系。考虑到 Python 有两类对象，一类是不可变对象，另一类是可变对象，我们来分别测试一下。

【例 9-8】查看实参和形参的 id 值

```
def showid(var):
    print("in function:",id(var))
num=123
print("integer id:",id(num))
showid(num)
s="hello"
print("string id:",id(s))
showid(s)
lst=[1,2,3,4]
print("list id:",id(lst))
showid(lst)
st=(12,34,56,78)
print("set id:",id(st))
showid(st)
```

程序的运行结果如下。

```
integer id: 8791387599504
in function: 8791387599504
string id: 50077568
in function: 50077568
list id: 49083912
in function: 49083912
set id: 49133512
in function: 49133512
```

可以看到，无论是可变对象还是不可变对象，实参和形参的id值都是一样的，也就是说传递之后实参和形参是同一个对象。所以调用函数时参数传递本质上是传递id值，这个过程如图9-5所示。

既然形参和实参指向的是同一个对象，那么是不是意味着改变形参的值也会改变实参的值呢？答案是否定的，因为实参指向的对象有两种，一种是可变对象，另一种是不可变对象，它们的表现是不一样的。如果形参是不可变对象，这时改变形参的值，对实参没有影响；如果形参是可变对象，那么改变形参的值，同时改变了实参的值。

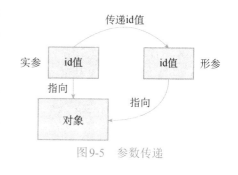

图9-5　参数传递

【例9-9】改变不可变对象的参数值

```python
def trytochange(data):
    print(f"before change value, id={id(data)}, data={data}")
    data *= 2                                                    #改变形参的值
    print(f"after change value, id={id(data)}, data={data}")


num=123
print(f"before invoke function, id={id(num)}, num={num}")
trytochange(num)
print(f"after invoke function, id={id(num)}, num={num}")
```

在这个示例中，实参是一个整数，是不可变对象。将这个整数的值变成原来的两倍，程序运行结果如下。

```
before invoke function, id=8791387599504, num=123
before change value, id=8791387599504, data=123
after change value, id=8791387603440, data=246
after invoke function, id=8791387599504, num=123
```

一开始，实参num的值是123，进入函数之后，这个值被改成了246，但返回主程序之后实参的值仍然是123，并没有变化。仔细分析程序运行结果可以看出，形参的值被改变时，它的id值也发生了变化，不再与实参是同一个对象。实际上，改变形参的值只改变了它的id值，将其指向了另外一个对象，因此实参的值并不会发生任何变化。不可变对象改变参数值的过程如图9-6所示。

图9-6　不可变对象改变参数值的过程

从图 9-6 中可以看出，一旦改变形参的值，它的 id 值就发生了变化，形参和实参再无任何联系，自然也就不能改变实参的值。

如果实参是可变对象，那么情况又有所不同。因为参数指向的对象是可变的，所以对数据的更改不会产生新对象。改变前后，形参和实参都指向同一个对象。

【例9-10】改变可变对象的参数值

```
def trytochange(lst):
    print(f"before change value, id={id(lst)}, list is:")
    print(lst)
    lst.sort()                                              #列表排序
    print(f"after change value, id={id(lst)}, list is:")
    print(lst)


data=[23,4,54,7,8]
print(f"before invoke function, id={id(data)}, data is：")
print(data)
trytochange(data)
print(f"after invoke function, id={id(data)}, data is：")
print(data)
```

在这个程序中，以列表对象为参数调用了 trytochange() 函数，这个函数调用了列表的排序方法，对参数本身进行了修改，程序的运行结果如下。

```
before invoke function, id=48881864, data is:
[23, 4, 54, 7, 8]
before change value, id=48881864, list is:
[23, 4, 54, 7, 8]
after change value, id=48881864, list is:
[4, 7, 8, 23, 54]
after invoke function, id=48881864, data is:
[4, 7, 8, 23, 54]
```

可以看出，列表内的元素确实在调用函数之后发生了变化，而 4 次输出的 id 值都相同，说明形参和实参使用的始终是同一个对象，如图 9-7 所示。

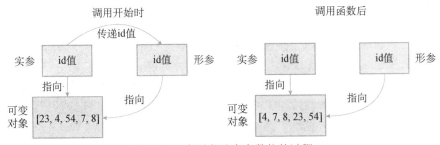

图 9-7　可变对象改变参数值的过程

有些资料中说可变对象传递参数值的过程是"引用"过程，实际上 Python 并没有类似于 C++ 的引用机制。如果有引用机制，那么形参实际上是实参的别名，对形参进行的任何修改对实参都有效。但 Python 的可变对象改变参数值的过程并非如此。

【例9-11】错误改变可变对象的参数值

```
def changelist(lst):
    print(f"before change value, id={id(lst)}, list is:")
    print(lst)
    lst=sorted(lst)                           #用赋值方法排序
    print(f"after change value, id={id(lst)}, list is:")
    print(lst)


data=[23,4,54,7,8]
print(f"before invoke function, id={id(data)}, data is：")
print(data)
changelist(data)
print(f"after invoke function, id={id(data)}, data is：")
print(data)
```

这个程序与例9-10的程序非常相似，只是将lst.sort()改成了lst=sorted(lst)，但结果却完全不同。程序运行结果如下。

```
before invoke function, id=48948680, data is:
[23, 4, 54, 7, 8]
before change value, id=48948680, list is:
[23, 4, 54, 7, 8]
after change value, id=47824648, list is:
[4, 7, 8, 23, 54]
after invoke function, id=48948680, data is:
[23, 4, 54, 7, 8]
```

在函数内部排好序的列表，返回到主程序之后仍然是无序的；仔细观察可以发现，在函数内部排好序的列表的id值已经发生了改变，与实参不再指向同一个对象。这是因为函数内部使用赋值号为形参重新赋值（新对象的id值）。所以说，可变对象作为参数传递时，仍然传递id值，而不是采用"引用"方式。

9.5.6* 参数控制符 "/" 和 "*"

如果函数定义者需要控制传递参数值的方式，例如只能按位置传递参数值或按关键字传递参数值，那么在定义形参时可以用"/"和"*"进行控制。

当函数定义者希望某些参数只能按位置传递参数值时，可以在这些参数后面加上"/"。"/"只对它前面的参数有效。例如def fun(a,b,/,c)，则a和b只能按位置传递参数值，而c可以按位置传递参数值或按关键字传递参数值。

【例9-12】用 "/" 控制按位置传递参数值

```
def addnum(a,b,/,c):       #a和b只能按位置传递参数值
    return a+b+c
```

```
print(addnum(1,2,3))          #调用正确
print(addnum(4,5,c=6))        #调用正确
print(addnum(7,b=8,c=9))      #调用错误
```

程序运行结果如下。

```
6
15
Traceback (most recent call last):
    File "<pyshell>", line 6, in <module>
        print(addnum(7,b=8,c=9))
TypeError: addnum() got some positional-only arguments passed as keyword arguments: 'b'
```

前 2 次调用正确，第 3 次出错，这是由于参数 b 在 "/" 之前，所以它不能使用按关键字传递参数值的方式。

📖　Python 3.8 之后的版本才支持 "/"。

"*" 的作用与 "/" 相反，具体来说，它规定其后的参数只能按关键字传递参数值，而对其之前的参数没有约束。

【例 9-13】用 "*" 控制按关键字传递参数值

```
def addnum(a,b,*,c,d):        # "*" 之后的参数 c 和 d 必须按关键字传递参数值
return a+b+c+d

print(addnum(a=1,b=2,c=3,d=4))     #调用正确
print(addnum(5,b=6,c=7,d=8))       #调用正确
print(addnum(9,10,c=11,d=12))      #调用正确
print(addnum(1,2,3,d=4))           #参数 c 没有按关键字传递参数值，调用错误
```

程序运行结果如下。

```
10
26
42
Traceback (most recent call last):
    File "<pyshell>", line 7, in <module>
TypeError: addnum() takes 2 positional arguments but 3 positional arguments (and 1 keyword-only argument) were given
```

前 3 次调用正确，只有最后 1 次调用错误，因为参数 c 没有采用按关键字传递参数值的方式。

9.5.7*　可变长度参数

Python 允许将形参声明成可变长度参数，这样当调用者的参数变化时，形参也可以被正确处理。在参数声明时加上 "*" 就表明该参数是一个可变长度参数，它可以打包接收所有剩余的实参，基本语法如下。

```
def functionname( [formal_args,] *var_args_tuple ):
```

其中formal_args是正常的参数，它可以有零个或多个；var_args_tuple是可变长度参数，它只有一个。所有多于formal_args数量的实参会拼装成一个元组传递给var_args_tuple，这个过程类似于元组中的解包赋值。

【例9-14】可变长度参数

```
def printinfo(arg1, *vartuple):
    "打印任何传入的参数"
    print("Incoming parameters：")
    print(arg1)
    for var in vartuple:
        print(var)


printinfo('one')                    #只有1个参数，传给arg1
printinfo('one','two')              #第1个传给arg1，第2个传给vartuple
printinfo('one','two','three')      #第1个传给arg1，后2个传给vartuple
```

程序运行结果如下。

```
Incoming parameters：
one
Incoming parameters：
one
two
Incoming parameters：
one
two
three
```

还有一个需要注意的地方，用"*"修饰的可变长度参数其实是没有名称的，也就是说调用者不能使用按关键字传递参数值的方式为它赋值。

有了可变长度参数，函数可以处理任意多个传入的参数，大大提高了编程的灵活性。但是它的缺陷也很明显，系统无法像普通函数那样通过参数个数来确定形式是否正确，需要用户自行处理，所以不要滥用可变长度参数。在能预先确定实参数量的情况下，不要使用可变长度参数。

在上面的程序中，使用"*"可以将实参拼装成元组，Python还提供了一种机制，可以将多个实参拼装成字典，这需要使用"**"来实现。它的基本形式如下。

```
def functionname( [formal_args,] **var_args_dict ):
```

所有多于formal_args数量的实参会依次按照键值对的顺序拼装成一个字典传递给var_args_dict。与元组不同的是，由于字典元素是键值对的形式，所以实参必须以关键字参数的形式提供拼装字典所需的数据。

【例9-15】拼装字典

```
def stu( **kvargs):
    print(type(kvargs))
    for k,v in kvargs.items():
```

```
        print(k, "---", v)

stu(name="小明", age=20, addr="湘潭" , work="学生")
```

运行结果如下。

```
<class 'dict'>
name --- 小明
age --- 20
addr --- 湘潭
work --- 学生
```

可以看出，实参中的关键字成了字典的键，关键字的值成了字典的值。

在某些特殊情况下，定义函数时并不能确定调用者传入的参数个数和格式，这时可以使用以下形式来定义函数。

```
def funname(*args, **kw )
```

其中，"*args"可以接收任意位置参数并拼装成元组，"**kw"可以接收任意关键字参数并拼装成字典，这种形式的参数也称为万能形参。

📖 位置参数、关键字参数、默认值参数、可变长度参数中的元组参数以及字典参数可以混在同一个函数形参表里，不过这会导致程序的可读性降低。因此除非确有需要，不建议随意使用。

9.5.8* 参数解包

如果实参是一个序列（例如元组、列表等），而形参是一些普通变量，那么可以在实参处使用"*"进行解包操作。如果不用"*"解包，可能会由于实参和形参数量不一致导致报错。

【例9-16】参数解包错误

```
def printinfo(arg1, arg2):
    print(arg1,arg2)


printinfo([1,2])                #调用出错
```

这个程序运行时会报错。

```
TypeError: printinfo() missing 1 required positional argument: 'arg2'
```

系统会将[1,2]这个列表整体传给arg1，arg2就会缺少实参，正确的写法如下。

```
def printinfo(arg1, arg2):
    print(arg1,arg2)


printinfo(*[1,2])               #利用"*"解包
```

不过这里有个问题，这种调用方式要求实参列表刚好有两个元素（因为有两个形参）。如果用printinfo(*[1,2,3])来调用函数，实参数量过多，仍然会报错。在实际编程时，很难保证实参列表中的元素数量与定义的形参数量一致，所以如果要解包调用，往往会将形参定义成可变长度参数。

【例9-17】解包调用的常见形式

```
def printinfo(formal, *arg_tuple):          #第二个参数是可变长度参数
    print("formal argument:\n", formal)
    print("tuple arguments:")
    for x in arg_tuple:
        print(x)
#实参是列表，需要用"*"解包
printinfo(*["first","second","third","fourth"])
```

程序运行结果如下。

```
formal argument:
first
tuple arguments:
second
third
fourth
```

可以看出，列表中的第一个元素解包之后传给了 formal，剩余的元素重新拼装成一个元组传给了 arg_tuple。

9.5.9* 命令行参数

当我们运行某个程序时，可能需要同时传入一些参数，以便控制程序运行，这种参数称为命令行参数。例如：

```
d:\Program\Python\python getpara.py arg1 arg2 arg3
```

其中 arg1、arg2、arg3 都是传递给 getpara.py 的命令行参数。getpara.py 程序如果要获取命令行参数，需要引入 sys 库。sys.argv 是命令行参数列表，利用 len(sys.argv) 函数可以获取参数的个数。sys.argv[0] 是程序本身的名字。

【例9-18】获取命令行参数

```
import sys
print ('Number of arguments:', len(sys.argv))
print ('my name is:', sys.argv[0])
for i in range(1, len(sys.argv)):
print(f"No.{i}: {sys.argv[i]}")
```

在命令行窗口中运行程序，结果如下。

```
D:\Program\Python>python 命令行参数.py one two three
Number of arguments: 4
my name is: 命令行参数.py
No.1: one
No.2: two
No.3: three
```

如果有多个命令行参数，默认以空格分隔，每一个参数都是不带空格的字符串。如果某

个参数中间有空格,例如"c:\my document\test.py",sys.argv 会默认将它分割成两个参数,即"c:\my"和"document\test.py"。为了避免这种错误,需要将这些带空格的参数用双引号包裹起来,这样就不会被拆分成多个参数。

```
D:\Program\Python>python 命令行参数.py "c:\my document\test.py"
```

9.5.10* 类型注解

Python 是弱类型语言,在调用函数时不会检验实参的数据类型是否符合形参的需求,这可能导致运行出错。为了降低出错的频率,从 Python 3.5 开始,解释器支持对函数参数和函数返回值类型进行注解。

```
def greeting(name: str) -> str:
    return 'Hello ' + name
```

参数 name 后面的"str"表示这个参数是 str 类型,括号外面的"str"表示这个函数的返回值是 str 类型。这里的数据类型可以是 Python 中任意合法的对象,也可以是函数名。

系统并不会因为有了注解而对传入的参数进行强制性的类型检查,这些注解仅仅用于类型检查器、IDE、静态检查器等第三方工具,在用户编程时作为提示。换言之,即便实参是整数,函数调用仍然可以运行,只是会运行出错。

9.6 局部变量和全局变量

在前面的示例程序中,有些变量定义在函数中,有些变量定义在函数外的主程序中。定义在不同位置的变量可以在不同范围内使用,使用范围称为变量的作用域。

定义在函数内部的变量称为局部变量,只能在定义它的函数内部使用。定义在主程序中的变量称为全局变量,可以在程序的任意位置使用。

9.6.1 局部变量

定义在函数内部的变量是局部变量。当函数被调用时,Python 会为其分配一块临时的存储空间,称为栈,所有局部变量都会存储在这块空间中。函数调用完毕后,这块临时存储空间会被释放并回收,该空间中存储的变量自然也无法再被使用。

局部变量的"局部性"体现在两个方面,一是在函数外部无法使用局部变量,二是不同的函数内部可以定义相同的局部变量,互不干涉。

【例9-19】局部变量不允许在函数外部使用

```
def dosomething():
    localvar=100                          #定义局部变量
    print(f"in function, localvar={localvar}")


dosomething()
print(f"out function, localvar={localvar}")      #试图使用局部变量 localvar,出错
```

程序运行结果如下。

```
in function, localvar=100
Traceback (most recent call last):
  File "error.py" line 6, in <module>
    print(f"out function, localvar={localvar}")
NameError: name 'localvar' is not defined
```

在函数内部输出 localvar 的值是正确的，第二次从函数外部访问 localvar 时就报错，提示"not defined"，这是因为这个变量已经不存在了。

【例9-20】不同函数内部的局部变量互不干涉

```
def funA():
    localvar=100
    print(f"in funA, localvar={localvar}")
    funB()
    print(f"after invoke, localvar={localvar}")


def funB():
    localvar=200
    print(f"in funB, localvar={localvar}")


funA()
```

程序运行结果如下。

```
in funA, localvar=100
in funB, localvar=200
after invoke, localvar=100
```

funA()和 funB()都定义了局部变量 localvar，它们的名称相同，但实际上毫无关系。局部变量的这种局部性使我们在设计一个函数时无须考虑其他函数中是否也有同名变量。

【例9-21】函数形参的局部性

```
def fun(para):
    para *= 2
    print(f"in function, para={para}")


fun(para=200)
print(f"out function, para={para}")          #试图在函数外部使用形参，出错
```

程序运行结果如下。

```
in function, para=400
Traceback (most recent call last):
  File "形参局部性.py", line 6, in <module>
    print(f"out function, para={para}")
NameError: name 'para' is not defined
```

para 是一个形参，主程序两次使用了这个形参。第一次是在调用时按关键字传递参数值，这时"fun(para=200)"告诉解释器要将 200 赋给形参 para，这是唯一允许在函数外部使

用参数 para 的情况。第二次是在调用返回后输出 para 的值，这时系统报错说 para 没有被定义，因为函数返回之后，局部变量 para 已经被销毁了。

9.6.2 全局变量

与局部变量相对的是全局变量，它的作用域是整个程序，允许在程序的所有函数中使用。定义全局变量的方式有两种，一种是在主程序中定义；另一种是在函数中定义，用关键字 global 修饰。

【例9-22】在主程序中定义全局变量

```
def fun():
    print(f"in function, globalvar={globalvar}")          #直接使用全局变量

globalvar=100                                              #定义全局变量
print(f"main program, globalvar={globalvar}")
fun()
globalvar*=2                                               #改变全局变量的值
fun()
```

主程序定义了一个全局变量 globalvar，它不仅可以在主程序中使用，在函数 fun() 里也可以使用。主程序两次为 globalvar 赋值，在函数 fun() 里都可以体现出来。程序运行结果如下。

```
main program, globalvar=100
in function, globalvar=100
in function, globalvar=200
```

两次为全局变量赋值都是通过主程序完成的。如果需要在函数中改变全局变量的值，就要特别小心。如果不做任何说明就为全局变量赋值，会将全局变量局部化，导致出错，下面是示例程序。

【例9-23】在函数中改变全局变量的值

```
def fun():
    print(f"in function, globalvar={globalvar}")
    globalvar *= 2                                         #试图为全局变量赋值

globalvar=100
print(f"main program, globalvar={globalvar}")              #这里使用全局变量，可以正常输出
fun()
```

相比于例 9-22，例 9-23 仅仅增加了在 fun() 函数中为 globalvar 赋值的语句，这时解释器会认为它是一个局部变量，而它前面的输出语句也使用了这个局部变量，而又没有定义，所以会出错。程序运行结果如下。

```
main program, globalvar=100
Traceback (most recent call last):
  File "全局变量局部化.py", line 7, in <module>
    fun()
  File "全局变量局部化.py", line 2, in fun
```

```
    print(f"in function, globalvar={globalvar}")
UnboundLocalError: local variable 'globalvar' referenced before assignment
```

实际上还有一种更隐秘的错误，也是全局变量局部化造成的。

【例9-24】错误使用全局变量

```
def fun():
    globalvar=200                              #试图为全局变量赋值
    print(f"in function, globalvar={globalvar}")


globalvar=100
print(f"main program, globalvar={globalvar}")
fun()
print(f"after invoke, globalvar={globalvar}")
```

这个程序可以正常运行，但是输出结果并不对。

```
main program, globalvar=100
in function, globalvar=200
after invoke, globalvar=100
```

由输出结果可以看出，虽然在函数中改变了globalvar的值（为200），但是主程序第二次输出的globalvar的值却仍然是100。这是因为在函数fun()中为globalvar赋值时，会将其局部化，变成了局部变量，与全局变量globalvar是两个不同的变量。

如果需要在函数中为全局变量赋值，且不将其局部化，需要用关键字"global"声明这个全局变量，由它来告诉解释器这是一个全局变量，不要再生成新的局部变量。它的基本形式是：

```
global variable_name
```

注意：声明时一定不能赋值。

【例9-25】声明全局变量

```
def fun():
    global globalvar                           #声明全局变量
    globalvar=200
    print(f"in function, globalvar={globalvar}")


globalvar=100
print(f"main program, globalvar={globalvar}")
fun()
print(f"after invoke, globalvar={globalvar}")
```

程序运行结果如下。

```
main program, globalvar=100
in function, globalvar=200
after invoke, globalvar=200
```

可以看出，主程序和函数使用的是同一个globalvar变量。有了global关键字，可以不用在主程序中定义全局变量，直接在函数中声明全局变量。

【例9-26】在函数中声明全局变量

```
def fun():
    global globalvar
    globalvar=200
    print(f"in function, globalvar={globalvar}")


fun()
print(f"after invoke, globalvar={globalvar}")
```

　　📖　全局变量具有全局可见性，任何函数想改变全局变量的值都可以自行处理，但这会带来隐患。如果某个函数错误地修改了全局变量的值，会影响所有使用该全局变量的函数，而且错误会在各函数之间蔓延，很难定位出错点；使用了全局变量的函数不再具备可移植性。所以如非必要，尽量不要使用全局变量。

9.7　匿名函数 lambda

　　自定义函数需要用户自己设计一个函数名，所以也称为命名函数。命名函数适合代码量比较大或需要多次调用的情况。在某些特殊场合，只需要很少的可运行代码而且函数只被使用一次，这时使用命名函数就会显得比较烦琐。为了适应这种情况，Python 提供了一种机制，即匿名函数 lambda，也叫作 lambda 表达式，它允许用户定义一个无函数名的简单函数，基本形式如下。

```
lambda [parameter_list]: expression
```

　　其中 parameter_list 是可选参数列表，可以有多个参数，中间用逗号分隔，也可以没有参数。expression 是表达式。lambda 函数实际上相当于下面的命名函数。

```
def function([parameter_list]):
    return expression
```

　　在大多数情况下，lambda 函数作为赋值表达式的右值，例如 variable=lambda x: x*x；或作为实参传递给形参，例如排序函数 sorted() 中的关键字参数 key 需要传入一个函数，我们通常会写成 sorted(list_name, key=lambda x: str(x))。

　　特别要注意的是，lambda 函数是没有名字的。

【例9-27】lambda 函数的使用方法

```
>>>addnum=lambda x,y:x+y
>>>addnum(3,4)
7
```

　　addnum 保存了 lambda 函数的存储地址，运行 addnum(3,4) 时系统会找到这个 lambda 函数的存储地址并运行其中的代码。

　　在实际编程时，这种将 lambda 表达式赋给一个变量的情况很少见，因为这时往往可以直接写一个普通表达式为变量赋值。常见的使用场景是将 lambda 表达式作为参数传递，我们再来看一个实际的例子。

【例9-28】lambda 函数作为参数

编写一个函数，求出一个整数列表中所有元素指定位置的最大值。例如求最低位的最大值以及最高位的最大值。

```
import random as rd
def maxdigit(lst, key):              #参数key要求传入一个函数
    tp=tuple(key(num) for num in lst)    #对元素进行处理，组成一个新元组
    return max(tp)                   #返回元组中的最大值


lst=[rd.randint(0,1000) for i in range(10)]
print(lst)
print(maxdigit(lst, key=lambda x:x%10 ))    #求最低位的最大值
print(maxdigit(lst, key=lambda x:str(x)[0]))  #求最高位的最大值
```

程序运行结果如下。

```
[192, 481, 814, 552, 506, 74, 353, 614, 643, 7]
7
8
```

9.8 函数式编程和高阶函数

Python 是一种函数式编程（Functional Programming）语言，相较于传统的面向过程编程语言（例如C、Pascal 等），它的抽象程度更高，更接近于数学计算。在书写代码时，函数式编程接近于自然语言表达，因此程序可读性更好，更简洁。

在函数式编程中，我们可以将函数当作变量使用（本质上函数名就是变量）。一个函数可以将另一个函数作为参数，这种函数称为高阶函数，也叫作"函数的函数"。我们先来看一个高阶函数的简单例子。

【例9-29】高阶函数

```
def high_func(f, lst):              #参数f需要接收一个函数
    return [f(x) for x in lst]


lst=[x for x in range(10)]
result=high_func(lambda x:x*x, lst)
print(result)
```

运行结果如下。

```
[0, 1, 4, 9, 16, 25, 36, 49, 64, 81]
```

除了自定义的高阶函数，Python 还提供了一些内置的高阶函数，包括map()、reduce()、filter()、sorted()等，前面已经详细介绍过 sorted()函数，下面介绍其他3个高阶函数。

9.8.1 map()函数

map()函数根据传递进来的函数对指定序列进行映射，并返回映射后生成的map对象，它

的格式如下。

```
map(function, *iterables)
```

其中 iterables 是要处理的序列。从形式上看，iterables 是一个可变长度参数，如果有多个实参，会将其自动打包成元组。参数 function 是传递进来的函数，由它来对序列中的每一个元素进行处理。函数的返回值是一个 map 对象，也是迭代器类型，可以直接迭代访问，也可以进一步转换为元组或列表等序列。

【例9-30】map ( ) 函数的使用方法

```
>>>lst=[x for x in range(10)]
>>>print(tuple(map(str,lst)))              #将整数序列转换为字符型元组
('0', '1', '2', '3', '4', '5', '6', '7', '8', '9')
>>>mp=map(lambda x:x*x, lst)              #将序列变为自身的平方
>>>for x in mp:                           #用循环语句访问 map 对象
    print(x, end=" ")
0 1 4 9 16 25 36 49 64 81
```

用户也可以自己写一个循环结构遍历序列，依次处理每个元素并将其加入序列中，但 map()函数只需要一行代码就可以完成同样的功能。

如果传入了两个甚至更多序列，那么传入的函数也要能处理两个甚至更多参数，它会从每个序列中取出一个数据传递给函数进行处理。

【例9-31】map ( ) 函数处理两个序列

```
la=[1,2,3,4,5]
lb=[6,7,8,9,10]
mp=map(lambda x,y:x+y,la,lb)
for data in mp:
    print(data, end=" ")
```

程序运行结果如下。

```
7 9 11 13 15
```

9.8.2　reduce()函数

reduce()函数也可以利用传递进来的函数处理指定的序列，不过它要求传递进来的这个函数能一次性处理两个数据，然后用这个函数从左至右遍历序列并得到一个结果，这个过程称为"归约"，这也是"reduce"这个单词的含义。reduce()函数的格式如下。

```
reduce(function, sequence[, initial])
```

- function：传入的函数，对序列中的每个元素进行操作，可以是匿名函数。
- sequence：需要操作的序列。
- initial：初始参数（可选）。

reduce()函数的运行过程如图9-8所示。

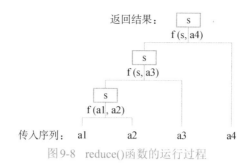

图 9-8 reduce()函数的运行过程

利用 reduce()函数可以轻松实现序列的累加、累乘、去重、统计等功能。

【例9-32】利用 reduce() 函数对序列进行累加

```
>>>lst=[34,23,99,33,56,21,90]
>>>from functools import reduce        #引入 functools 库才能使用 reduce()函数
>>>reduce(lambda x,y:x+y, lst)
356
```

这个例子比较简单，用 sum()函数就可以实现，不过如果要处理的序列是字符串，用 reduce()函数更合适。

【例9-33】利用 reduce() 函数对字符串序列进行累加

```
>>>lst=['34','23','99','33','56','21','90']
>>>from functools import reduce
>>>reduce(lambda x,y:int(x)+int(y), lst)       #先转换为整数再相加
356
```

利用 reduce()函数很容易实现多个字符串的拼接，代码如下。

```
reduce(lambda x,y:x+y, lst)
```

9.8.3 filter()函数

filter()函数用来过滤序列中不符合条件的元素。它会返回一个迭代器，该迭代器可以生成原序列中函数运算结果为 True 的元素。

```
filter(function, iterable)
```

其中 function 是处理函数，iterable 是需要过滤的序列。

【例9-34】利用 filter() 函数筛选偶数

```
>>>lst=[34,23,99,33,56,21,90]
>>>lt=filter(lambda x:x%2==0, lst)
>>>print(*lt)
34 56 90
```

9.9* 生成器函数

我们前面介绍的函数都是"无状态"函数，即每次运行的结果只通过 return 语句返回给调

用者而不会保存下来，下一次运行时并不知道上一次运行的状态。

在某些情况下，函数需要知道自己被调用时的运行情况，例如记录本次运行到的语句位置，下一次从这个位置继续向下运行。要完成这一目标，需要使用生成器函数。

我们在第 5 章和第 7 章曾经介绍过生成器表达式和迭代器，生成器函数可以看成能自定义功能的迭代器，使用起来更灵活，功能也更强。

普通函数用关键字“return”返回，生成器函数用关键字“yield”返回。除此之外，从形式上看，生成器函数与普通函数无区别。但是它的运行过程和普通函数区别很大，它和迭代器一样，具有惰性求值特性，只能用next()函数单向运行。

9.9.1　无参数的生成器函数

我们先来看一个最简单的生成器函数，它不带任何参数。

【例9-35】生成器函数

```
def genfun():                #定义一个生成器函数
    yield 1                  #返回1
    yield 2                  #返回2
    yield 3                  #返回3

gf=genfun()                  #将生成器函数赋值给变量
print(type(gf))              #显示类型
print(next(gf))              #开始调用生成器函数
print(next(gf))              #继续调用生成器函数
print(next(gf))              #继续调用生成器函数
```

genfun()是一个典型的生成器函数，它有三条返回语句，分别是“yield 1”“yield 2”和“yield 3”。可以想象，如果这里用“return 1”来返回，那么后面两条语句是没有机会运行的。但是yield语句不同，当程序从这里返回后，它会记录下这次运行的位置，下次调用生成器函数时会从上一次的返回位置开始运行。因此当genfun()函数从“yield 1”返回主程序之后，下次再进入genfun()函数时，将从“yield 2”开始运行。

对于调用者而言，生成器函数也是生成器，所以只能用next()函数来调用保存了函数的变量gf，而不能使用普通的函数调用方式。

运行结果如下。

```
<class 'generator'>
1
2
3
```

从这个例子中可以看出，含有yield关键字的函数返回值是一个生成器类型的对象，这个对象就是迭代器。

9.9.2　带参数的生成器函数

在大多数情况下，生成器函数需要通过参数接收输入信息。下面我们再来看一个例子，看看生成器函数是如何处理输入参数的。

【例9-36】带参数的生成器函数

```
def genfun(n):
    print("first run me")
    while n > 0:
        print("before yield")
        yield n                    #用 yield 语句返回
        n-=1
        print("after yield")
    return                         #函数结束，正常返回

gf=genfun(3)                       #传入参数
for i in range(3):                 #调用 3 次
    print(next(gf))
```

这个生成器函数内部有一个循环结构，循环的次数取决于输入的参数 n。循环结构内部有一条 yield 语句，每次循环运行到这里就会返回，下一次又会从 "n-=1" 处继续运行。

调用者传入参数的语句是 "gf=genfun(3)"，也就是说 genfun() 函数中的循环可以运行 3 次。注意，这里并没有立即运行 genfun() 函数，因为它具有惰性求值特性，需要用 next() 函数才能真正开始运行。程序的运行结果如下。

```
first run me
before yield
3
after yield
before yield
2
after yield
before yield
1
```

"first run me" 只输出了一次，因为它没有包含在循环中。

还有一点值得注意，输出 n 的值为 1 后，没有输出后面的 "after yield"，这是因为主程序只运行了 3 次 next() 函数，当 genfun() 函数返回 1 后，主程序的调用已经结束了。

如果将主程序的调用次数改成 4 次，会发现最后一次会出现 StopIteration 异常。这是因为 genfun() 函数的循环只有 3 次，循环结束之后不再通过 yield 语句返回，而通过最后的 return 语句返回，这时再用 next() 函数来迭代就会出错。

9.9.3 利用 send() 函数传递值

生成器函数除了可以用参数传递值，还可以在运行过程中用 send() 函数传递值。send() 函数是 next() 函数的加强版，它在调用的同时可以向生成器函数内部发送数据，它在至少运行一次 next() 函数后才能使用。

在生成器函数内部，可以使用以下方式来接收 send() 函数传递的值。

```
receipt=yield value
```

其中，变量 receipt 并不接收 yield 语句返回的值，而是接收 send() 函数传递的值。

【例9-37】send()函数向生成器函数传递值

```
def genfun(n):
    print("first run me")
    while n > 0:
        print(f"before yield, n={n}")
        receipt=yield n                 #receipt用来接收传递的值
        n -= 1
        print(f"after yield, receipt={receipt}")
    return

gf=genfun(2)                            #通过参数控制循环次数为2
print(next(gf))                         #第一次调用必须用next()函数
print(gf.send("input data"))            #用send()函数传递值
```

程序运行结果如下。

```
first run me
before yield, n=2
2
after yield, receipt=input data
before yield, n=1
1
```

有了 send() 函数，调用者可以多次与生成器函数交换数据，大大提升了生成器函数的能力。

【例9-38】用生成器函数实现斐波那契数列

```
def fab(n):
    f1=f2=1
    for i in range(3,n+1):
        f3=f1+f2
        yield f3
        f1,f2=f2,f3
    return

fb=fab(20)                  #生成前20项
for i in range(3,21):
    print(next(fb), end=" ")
```

这个程序能求出斐波那契数列的前20项。这里使用的方法仍然是用next()函数调用生成器。实际上，生成器本身也是迭代器，所以可以利用循环语句来实现循环调用，这样可以隐藏next()函数，代码更简洁，只需要把主程序改成以下代码。

```
for fb in fab(20):
    print(fb, end=" ")
```

9.10 综合示例

【例9-39】质数求和并求最大质数

给定一系列整数，筛选出其中的所有质数，求和并求出最大的质数。

要解决这个问题，我们可以将判断一个整数是否为质数写成一个函数，然后利用 filter() 函数筛选出所有质数，用 sum() 函数求和，用 max() 函数求最大质数。判断质数函数我们在例 3-17 中已经实现过，直接复制过来即可。

```python
def isprime(num):                              #判断质数函数
    if num==2:
        return True
    if num%2==0:
        return False
    end=int(num**0.5)+1
    for i in range(3,end,2):
        if num%i==0:
            return False
    return True


from random import randint
tp=tuple(randint(2,1000) for i in range(20))
print(*tp)
primelst=list(filter(isprime, tp))             #利用函数从序列中筛选出所有质数
print(*primelst)
print(f"sum of primes:{sum(primelst)}")        #质数求和
print(f"maxium of primes:{max(primelst)}")     #求最大质数
```

程序运行结果如下。

```
720 673 158 882 967 686 628 683 997 435 131 173 467 387 492 883 630 942 921 901
673 967 683 997 131 173 467 883
sum of primes:4974
maxium of primes:997
```

【例9-40】埃氏筛法求质数

例9-39 中的判断质数函数适合用来判断单个整数是否为质数，如果需要求出一个区间内的所有质数，这种方法的效率不够高。

古希腊的埃拉托斯特尼（Eratosthenes）发明了一种质数筛法，简称为埃氏筛法。具体做法是：先把 N 个自然数按次序排列，1不是质数，也不是合数，划去；第二个数2是质数，留下来，把2后面所有能被2整除的数划去；2后面第一个没被划去的数是3，把3留下，再把3后面所有能被3整除的数划去；3后面第一个没被划去的数是5，把5留下，再把5后面所有能被5整除的数划去；这样一直下去，就会把不超过 N 的合数都筛除，留下的就是不超过 N 的全部质数。这里的2、3、5、…都可以看作埃氏筛法的种子。

我们用数组作为筛子，把所有被筛除的数改成0，最后不为0的数就是质数。这里还有一个问题：当我们依次将2、3、5、…作为种子时，最大的种子是多少呢？

其实，最大的种子是 $\sqrt{N}$ 。

```python
def ES_shift(lst):
    '''质数筛法'''
    end=int(len(lst)**0.5+1)
    for i in range(2,end):
        if lst[i]!=0:              #只有不为0的质数才有资格作为种子
            shift(lst,i)           #筛去它的所有倍数


def shift(lst, step):
    '''以 step 为种子筛去它的倍数'''
    for i in range(step+step, len(lst), step):
        lst[i]=0


lst=[x for x in range(1000)]        #求出 2～1000 的所有质数
lst[1]=0
ES_shift(lst)
primes=tuple(filter(lambda x:x!=0, lst))
print(*primes)
```

这个程序中出现了两个函数，一个是整体实现埃氏筛法的 ES_shift() 函数，只需要把整数列表输进去，它就能把所有合数筛除；另一个是更简单的 shift() 函数，它只能筛除一个种子的所有倍数，由 ES_shift() 函数调用。这样的程序流程清晰，每个函数都只完成特定的功能，程序的可读性好，出错时便于调试和修改。

程序的运行结果如下。

```
2 3 5 7 11 13 17 19 23 29 31 37 41 43 47 53 59 61 67 71 73 79 83 89 97 101 103 107 109 113 127 131 137 139 149 151
157 163 167 173 179 181 191 193 197 199 211 223 227 229 233 239 241 251 257 263 269 271 277 281 283 293 307 311
313 317 331 337 347 349 353 359 367 373 379 383 389 397 401 409 419 421 431 433 439 443 449 457 461 463 467 479
487 491 499 503 509 521 523 541 547 557 563 569 571 577 587 593 599 601 607 613 617 619 631 641 643 647 653 659
661 673 677 683 691 701 709 719 727 733 739 743 751 757 761 769 773 787 797 809 811 821 823 827 829 839 853 857
859 863 877 881 883 887 907 911 919 929 937 941 947 953 967 971 977 983 991 997
```

埃氏筛法是典型的"以空间换时间"的算法，它还可以继续改进，提高空间利用度。

【例 9-41】 身份证号码检验

我们在第 6 章已经介绍了身份证号码检验的算法，这里不再重复。在这里，我们把检验过程封装成一个函数，用 map() 函数实现两个序列对应元素的相乘，用 sum() 函数求和，这样写出来的代码更简洁、易懂。

```python
def verify(sid):
    '''验证 sid 是否为合法的身份证号码'''
    weight=(7,9,10,5,8,4,2,1,6,3,7,9,10,5,8,4,2,1)
    idcode=strtolist(sid)                          #将字符串转换为整数序列
    tp=tuple(map(lambda x,y:x*y, weight,idcode))   #用 map() 函数求两个序列对应元素的积
    return sum(tp)%11==1                            #用 sum() 函数求和
```

```
def strtolist(sid):
    '''将以字符串表示的身份证号码转换为整数序列'''
    idcode=[int(x) for x in sid[:-1]]          #将前17个字符转换为对应的数字
    last=int(sid[-1]) if sid[-1].isdigit() else 10    #单独处理最后一个字符
    idcode.append(last)
    return idcode


sid=input("请输入身份证号码: ")
print(verify(sid))print(verify(sid))
```

运行情况如下。

```
请输入身份证号码: 430302200506040073
True
请输入身份证号码: 43038120050824012X
True
请输入身份证号码: 430321200510150045
False
```

与第6章的例子相比，这里的程序代码行数更多，但是程序架构更清晰，可读性更强。程序越复杂，使用函数的优势就越明显。

【例9-42】求 $1!+2!+\cdots+n!$。

这个问题很简单，因为 math 库的 factorial() 函数可以求出任意整数的阶乘，代码如下。

```
import math
n=int(input("please input a number:"))
tp=(math.factorial(x) for x in range(1,n+1))    #求1～n之间所有整数的阶乘
print(sum(tp))                                   #累加求和
```

运行结果如下。

```
please input a number:10
4037913
```

这个程序写起来很简单，但是有个问题，就是效率太低。实际上，$n!=n(n-1)!$，所以只要把每次求得的 $n!$ 保存起来，在求 $(n+1)!$ 时使用，效率会提高很多。要保存每次求得的阶乘，可以使用生成器函数。

```
def fact(n):
    mul=1
    for i in range(1,n+1):
        mul *= i
        yield mul              #返回当前求得的阶乘，下次从这个位置继续往后求


n=int(input("please input a number:"))
f=fact(n)
print(sum(f))
```

这个程序的效率更高。这里也有一点需要解释，就是 sum()函数为什么能求出阶乘和？

这是因为 fact()是生成器函数，返回了一个迭代器。当 sum()函数的参数是一个迭代器时，它会遍历这个迭代器，相当于下面的 for 循环结构。

```
for data in f:
    s += data
```

而 for 循环结构又隐含了 next()函数，会多次调用 fact()函数，所以能正确地累加求和。

【例9-43*】生成随机数序列

random 库的 randint()函数可以生成指定范围内均匀分布的随机数序列。如果不使用这个函数，要求自己产生随机数序列，应该怎么做呢？

产生随机数的方法很多，目前普遍使用的是线性同余法。线性同余法利用的递推公式为：

$$X_{n+1}=(aX_n+b)\bmod m$$

X_{n+1} 是第 $n+1$ 个随机数，它的值依赖于第 n 个随机数的值。变量 a、b、m 是常数。线性同余发生器的周期不会超过 m。如果 a、b、m 选择恰当，那么线性同余发生器可能成为一个最大周期发生器，周期为 m。

在有限位的计算机上，可以直接利用计算机的有限范围特性加速线性同余发生器。例如在 32 位的计算机上，取 $m=2^{32}$，可以用加法运算代替取余运算，将线性同余发生器的形式简化为：

$$X_{n+1}=aX_n+c$$

很显然，只要 a 和 c 确定，随机数序列就完全由 X_1 的值决定。一个很明显的问题是，在第一次产生随机数时，需要为 X_1 提供一个值，这个值称为种子。如果 X_1 的值是确定的，那么产生的随机数序列也是确定的。所以一般情况下，需要利用机器时间产生一个"随机"的种子。

接下来的问题是如何用 rand()函数实现这一算法。由于随机数的产生是前后相关的，而 rand()函数的调用是独立的，所以 rand()函数必须保存上一次产生的随机数，而在下一次调用 rand()函数时，rand()函数能利用这个保存的值产生下一个随机数。容易想到，生成器函数可以实现这一功能。

```
import time
def rand():
    '''返回一个0-2^32之间的随机正整数'''
    x=int(time.time())              #第一次运行时以当前时间作为种子
    a=1664525
    c=1013904223
    while True:
        x=(a*x+c)%0x100000000
        yield x                     #返回当前求得的随机数

rd=rand()
for i in range(10):                 #产生10个随机数
    print(next(rd), end=" ")
```

某次运行的结果如下。

538305416 3464212807 1363688954 859157777 3942050620 2240728427 4193977294 1355823317 3665015856 113916367

这里产生的是 $0 \sim 2^{32}$ 的随机数序列，如果想输出指定区间内的随机数，读者可以自行实现。

由于本书的篇幅限制，以及考虑到本书面对的读者均为初学者，所以没有介绍一些更高级的知识，例如函数闭包、装饰器函数、偏函数等，有兴趣的读者可以自行阅读相关资料。

函数是组织复杂程序必不可少的工具，虽然开始使用时会稍显烦琐，但是熟练之后会帮助用户更好地梳理流程、组织程序架构，便于调试代码、发现错误，所以读者务必熟练掌握函数的用法。

习题

1、编写一个函数，接收并显示学生的信息，包括姓名、年龄和性别，默认年龄为20岁，性别为男性。

2、编写一个函数，接收任意个整数作为参数，并求出这些整数的最大值、最小值以及累加和，以三元组的形式返回结果。

3、求三角形面积的海伦公式为：$s = \sqrt{p(p-a)(p-b)(p-c)}$，其中 $p=(a+b+c)/2$，a、b、c 是三角形的3条边长。定义3个函数，一个用来求 s，一个用来求 p，一个用来判断3条边是否能组成三角形。在主程序中输入3条边长，并检验是否合法，然后调用函数求面积。

4、编写一个函数 convert(num,s) 用于进制转换，其中参数 num 是要转换的正整数，s（$2 \leq s \leq 16$）是目标进制，以字符串形式返回转换结果。

5、用千分位表示法将数字转换为字符串，例如将数字 123456 转换为 "123,456"。

6、例 9-41 使用了 map() 函数和 sum() 函数来检验身份证号码，其实也可以用 zip() 函数将身份证号码和权重列表拼装成元素为二元组的列表，然后用 reduce() 函数求和，请按照此思路编程。

7、在实际使用时，用户输入的身份证号码可能会出现以下错误：输入的号码不是18位；前17位中出现了非数字字符；第18位不是数字或字母 "X"（或 "x"）；加权和不正确。请编写一个程序，能检验出有上述错误的身份证号码。以函数形式分别检验上述错误，并把发现的所有错误类型显示出米。

8、把整数序列（例如[1,3,5,7,9]）转换成整数（13579），请编程完成对任意整数序列的转换。

9、求 $2 \sim 1000$ 的所有孪生质数。孪生质数是指两个质数的差为2，例如11和13就是孪生质数，17和19也是孪生质数。

10、如果 a 的所有正因数之和等于 b，b 的所有正因数之和等于 a（因数包括1但不包括本身，且 a 不等于 b），则称 a、b 为亲密数对。请编程求出 $1 \sim 10000$ 的所有亲密数对。

11、求完全平方数-质数对。有一些完全平方数加2就是质数，例如9-11、81-83，请编程求出 $2 \sim 100000$ 的完全平方数-质数对。

12、如果一个数既是质数，又是回文数，则称为回文质数。请编程求出 $11 \sim 1000000$ 的所有回文质数。然后优化程序，使之能在1秒内求出 $0 \sim 10^9$ 的所有回文质数。

第 **10** 章
文件处理

在前几章的程序中，处理完的数据是保存在内存中的，如果断电或重启计算机，内存中的数据会丢失。如果需要长期保存数据，需要将数据存储在文件中。这种将数据写入文件和从文件中读取数据的操作属于广义的输入和输出，也叫I/O操作。一个有实用价值的程序，一定会有数据存储操作，Python为读写文件提供了必要的内置函数。除此之外，如果要处理某些特定格式的文件，例如CSV文件、Excel文件、Word文件等，有大量第三方库可供使用。

10.1　文件概述

文件是封装在一起的一组数据。文件从不同的角度可以分为不同的种类：从应用的角度可以分为程序文件和数据文件；从用户的角度可以分为普通文件和设备文件；从文件读写方式的角度可以分为顺序文件和随机文件；从数据组织方式的角度可以分为文本文件和二进制文件。

二进制文件的数据以二进制形式存储，数据具有特定的格式和含义，往往需要特定的应用软件才能处理。

文本文件存储的是字符、标点符号等数据。这类文件可以用纯文本编辑器查看、编辑。常见的文本文件有纯文本文件（TXT）、程序源代码文件、配置文件（INI）、日志文件（LOG）等。一些文本文件除了有文本数据，还有辅助格式控制符，这些格式控制符也以文本形式存在，例如JSON文件、MarkDown文件、HTML文件、CSV文件、高版本的Excel文件和Word文件等。

Python的文件读写函数可以处理二进制文件和文本文件。在大多数情况下，用户使用Python处理的都是文本文件，因此本章主要介绍如何使用Python的内置函数处理文本文件。

10.2　处理文本文件

无论是文本文件还是二进制文件，在磁盘中读写文件的功能都是由操作系统提供的，现代操作系统不允许普通程序直接操作磁盘，所以读写文件就是请求操作系统打开一个文件对象（通常称为文件描述符），然后通过操作系统提供的接口从这个文件对象中读取数据（读文件），或把数据写入这个文件对象中（写文件）。因此文件处理分为以下 3 步。

- 以指定模式打开文件并创建文件对象，以备读写。
- 通过文件对象访问文件中的内容，读取或写入数据（由打开的模式决定）。
- 关闭文件，如果是写文件则同时保存文件内容。

由以上步骤可以看出，读写文件对于用户而言差别很大，但对于编程而言差别并不大。

10.2.1　打开文件

要读取文本文件的内容，第一步是打开它。打开文件的函数是open()，它可以打开任意文件，格式如下。

```
open(file, mode='r', encoding=None)
```

1. open() 函数的参数说明

- file：要打开的文件名，以字符串形式出现。可以是单独的文件名，也可以是带相对路径或绝对路径的文件名。
- mode：用于指定打开文件的模式，默认值"r"表示以只读模式打开一个文本文件。
- encoding：指定文件的编码格式，如果打开的是二进制文件，该参数无效。

如果函数运行成功，会返回一个可迭代的文件对象；如果运行出错，会抛出异常。

有了以上知识，我们就可以用open()函数打开一个名为"test.txt"的文本文件并读取其内容。

```
fin=open("test.txt", "r")
```

初学者运行这行代码时，往往会出错，例如：

```
Traceback (most recent call last):
  File "<pyshell>", line 1, in <module>
FileNotFoundError: [Errno 2] No such file or directory: 'test.txt'
```

这个错误并不是由于代码写错了，而是因为代码运行过程中系统没有找到"test.txt"这个文件。这种与环境有关的错误在我们以前的代码中从来没出现过，如果只修改代码本身可能无法避免错误。无法打开"test.txt"文件有以下几个原因。

- 确实不存在"test.txt"这个文件，写错了文件名。
- 存在"test.txt"这个文件，但是出现了路径错误。

第一个错误容易避免，第二个错误对于初学者而言很难避免，因为初学者往往无法正确理解"文件路径"这个概念。

2. 绝对路径与相对路径

当open()函数准备打开file参数指定的文件时，首先会将文件名规范成"绝对路径"的形式。

绝对路径对于Linux系统而言，是指从根目录开始的、以"/"分隔的各个子目录的顺序连接，如"/home/program/python"；对于Windows系统而言是指从盘符开始的，以"\"分隔的各个文件夹的顺序连接，如"d:\python\program"。

有一点需要注意，在Python的字符串中，"\"是转义字符，如果要表示"\"本身，必须写成"\\"，所以上述路径要写成"d:\\python\\program"。Python也支持将"/"作为目录分隔符，所以"d:/python/program"也是合法的路径。

当我们要传入一个文件名时，可以写成绝对路径，例如"d:/python/program/test.txt"，这时不容易出现路径错误。推荐初学者使用这种方式。

但是写成绝对路径会使程序的移植性变差。当把Python程序部署到其他计算机上运行时，"test.txt"文件很有可能不在"d:/python/program"目录下，会导致程序运行出错，这时需要使用相对路径。

相对路径是相对于当前工作目录所在的路径。当前工作目录是指系统加载某个命令（例如运行Python）时所在的工作目录。当用户在命令行窗口中工作时，提示符前面的路径就是当前工作目录，如图10-1所示，"C:\Users\Administrator>"就是当前工作目录。

图10-1　当前工作目录

对于Windows系统而言，任何不以盘符开头的路径都被认为是相对路径。例如，open("test.txt","r")中的文件名"test.txt"就是相对路径，系统会自动将其规范成绝对路径。根据规则，系统会在其前面加上当前工作目录变成绝对路径，如果当前工作目录是"d:\\python\\program"，那么规范之后的绝对路径就是"d:\\python\\program\\test.txt"。如果相对路径是"data\\test.txt"，就会规范成"d:\\python\\program\\data\\test.txt"。

在IDE中运行程序时，往往不知道当前工作目录，这时可以使用下面的代码获取当前工作目录。

```
>>>import os
>>>os.getcwd()
'D:\\Python\\program'
```

编程时要特别留意当前工作目录是什么，然后将其加在以相对路径表示的文件名前面，拼接成绝对路径，看看是否存在指定的文件。

3. 文件打开模式

open()函数的第2个参数mode指定了打开文件的模式，mode参数共有7种基本模式，如表10-1所示。

表 10-1　mode 参数的 7 种基本模式

符号	含义
r	读取文件内容（默认）
w	写入文件，如果文件不存在则创建新文件，如果存在则先清除文件内容
x	"排他性"创建文件，如果文件已存在则创建失败

续表

符号	含义
a	打开文件用于写入，如果文件存在则在末尾追加
b	以二进制模式读写文件
t	以文本模式读写文件（默认）
+	打开文件用于更新（读取与写入）

有些模式是可以联合使用的，例如 rt 模式可以打开文件用于读取文本，与 r 同义；w+模式和 w+b 模式可以打开文件并清除内容，而 r+模式和 r+b 模式可以打开文件但不清除内容。

4. 文件编码

在 mode 参数的 7 种基本模式中，只要含有"b"就表示以二进制模式打开文件，返回的内容为 bytes 对象，不进行解码，这时不能使用 encoding 参数指定文件编码格式。反之，如果不带"b"或带有"t"，表示以文本模式打开文件，返回的内容是 str 对象。

只要是文本文件，就会涉及编码问题。国内的用户需要处理的文本文件绝大多数有下列几种编码格式：纯英文的文本文件一般是 ASCII 编码（也叫 ANSI 编码），含有中文的文件是 GBK 编码或 UTF-8 编码，极少数文件是 Unicode 编码或 UTF-16 编码。

如果不用 encoding 参数指定文件编码格式，那么 open()函数会将当前系统的默认编码格式作为文件编码格式。例如在 Windows 系统中，open()函数会将 GBK 编码作为文件编码格式；在 Linux 系统中会将 UTF-8 编码作为文件编码格式。这当然有可能会出现错误，因为当前要处理的文件可能来自另一个操作系统。

用户如果清楚地知道要处理的文件是 UTF-8 编码格式，就可以使用"encoding=utf-8"指定文件编码格式。如果无法确定文件编码格式，就要使用一些第三方工具来确定。如果在文件读写过程中出现乱码，首先要排查的就是编码错误问题。

📖　在 Python 3.7 之后的版本中，open()函数增加了很多参数，例如 buffering、newline 等，处理文件更方便。读者如果使用高版本的 Python，可以查阅参考手册使用新增的参数。

10.2.2　读取文本文件

如果用 open()函数成功打开一个文件，就会返回一个可迭代的文件对象，依次访问这个对象中的内容就可以获取文件内容。Python 提供了多种方式获取文件内容，下面一一进行介绍。

用 open()函数打开文件时，需要用一个变量（例如 f）保存返回的对象，然后调用 f.read()方法获取文件中的所有数据。

文件对象的常用读写方法如表 10-2 所示。

表 10-2　文件对象的常用读写方法

读写方法	描述
read()	一次性将文件中的内容全部读取出来，文件过大时很容易导致内存崩溃
read(n)	一次读取 n 个字符； 如果再次读取，会在上一次读取的位置后接着读取而不是从头开始读取； 如果使用的是 rb 模式，则读取出来的是 n 个字节

续表

读写方法	描述
readline()	一次读取一行内容，每次读取出来的内容都以换行符结尾
readlines()	一次性读取文件的全部内容，返回一个列表； 每一行内容作为一个字符串放到一个列表中，缺点是文件内容过大容易导致内存崩溃
write(s)	写入序列 s，如果再次写入，会在上一次写入的位置后继续写入
writelines(s)	写入序列 s，如果是列表，则列表中的所有元素必须为字符串类型； 如果再次写入，会在上一次写入的位置后继续写入

read()和 read(n)方法可以读取文本文件和二进制文件；readline()和 readlines()方法只能用于读取文本文件。

1. 用 read()方法读取文件内容

在写代码之前，需要先建立一个文件用于测试，如图 10-2 所示，文件名为"data.txt"，将其与编写的程序代码放在同一个目录下。

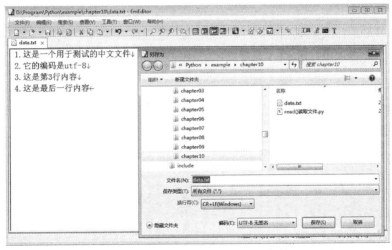

图 10-2　用于测试的"data.txt"文件

【例 10-1】读取文件内容并显示在屏幕上

```
fin=open("data.txt","r",encoding="utf-8")          #打开文件准备读取
content=fin.read()                                 #读取文件内容，保存在 content 中
fin.close()                                        #关闭文件对象
print(content)
```

输出结果如下。

```
1.这是一个用于测试的中文文件
2.它的编码是 utf-8
3.这是第 3 行内容
4.这是最后一行内容
```

代码的第 3 行调用了文件对象的 close()方法。读取完成之后，需要关闭文件。对于读文件而言，这一步不是很重要；但是对于写文件而言，这一步很重要，只有这样才会将内容真正写入文件中，否则可能导致数据丢失。

由于打开时指定了文件为文本文件，所以 fin.read()方法返回的是一个字符串。文本内容全部保存在这个字符串中，既可以用 print()函数一次性输出，也可以自行遍历字符串，逐一输出。

2. 用 read(n)方法分批读取文件内容

如果文件很大，内存可能不够，这时需要分批操作，可以用 read(n)方法读取，参数 n 表示一次读取 n 个字符。如果文件剩余字符数少于 n，则读取所有剩余字符。

【例10-2】用 read(n)方法分批读取文件内容

```
fin=open("data.txt","r",encoding="utf-8")
while True:
    content=fin.read(10)                      #一次读取 10 个字符
    print(content, end="")
    if len(content)<10: break                 #读取字符数少于 10 个，说明已经到达文件尾部
fin.close()
```

这个程序的作用和例 10-1 的程序一样，但是更复杂，因为需要循环读取文件内容，并且要判断文件内容是否已经读取完毕，所以它更适合读取大型文件。

3. 用 readline()方法读取文件内容

对于文本而言，我们更习惯以行为单位进行处理，而且每一行的字符数量往往不同，这时用 readline()或 readlines()方法处理更方便。前者一次读取一行；后者一次性读取所有行，并将其放在一个列表中。

【例10-3】用 readline()方法读取文件内容

```
fin=open("data.txt","r",encoding="utf-8")
while True:
    content=fin.readline()                    #每次读取一行
    if len(content)==0: break                 #如果长度为 0 表示已读取到末尾
    print(content, end="")
fin.close()
```

这个程序的结构与例 10-2 的程序几乎相同，它们都需要循环读取文件内容，不同的是循环的退出条件。值得注意的是，readline()方法读取时会将行末的换行符一起读取并放入返回的字符串中。即便文件中存在空行，返回的字符串中仍然会有换行符，它的长度不为 0。只有读取到文件末尾才会返回长度为 0 的空字符串。

4. 用 readlines()方法读取文件内容

还有一种方法是利用 readlines()方法一次性读取所有行，并将这些行放在一个列表中，程序遍历这个列表就可以访问文件内容。

【例10-4】用 readlines()方法读取文件内容

```
fin=open("data.txt","r",encoding="utf-8")
content=fin.readlines()                       #一次性读取所有行
for line in content:                          #遍历列表
```

```
        print(line, end="")
    fin.close()
```

这个程序流程更容易理解，写起来也更简单，缺点是和read()方法一样，需要占据比较大的内存，不适合处理大型文件。

5. 迭代访问文件对象

综合前面几个例子来看，readline()和readlines()方法更适合处理以行为单位的文本文件，但它们各有所长。有没有一种方法能取二者之长呢？答案是有。前面提到，Python 的 open()函数返回的文件对象是一个迭代器，其存储的每个元素都是一行字符串，因此只需要用 for-each 循环遍历这个文件就可以依次访问文件的每一行。这样的程序既容易看懂，也不需要占用很大的内存空间。

【例10-5】迭代访问文件对象

```
fin=open("data.txt","r",encoding="utf-8")
for data in fin:                          #迭代访问文件对象
    print(data,end="")
fin.close()
```

采用这种方式，既无须判断是否已经读取到文件末尾，也不会占用过多内存空间，是比较理想的方法。

6. 处理读取文件时的异常

前面的5种文件读取方法都没有考虑读取出错的情况。在实际运行过程中，可能会出现文件不存在、文件读取权限不够、文件存储出错等异常情况。一个健壮的程序必须能处理这些异常情况。

【例10-6】用异常处理方法读取文件内容

```
try:
    fin=None
    fin=open("dat.txt","r",encoding="utf-8")
    for data in fin:
        print(data,end="")
except IOError:
    print("file I/O error")
finally:
    if fin!=None:
        fin.close()
```

这段代码在例10-5 的基础上套上了异常处理的"外衣"，其中的 close()函数必须写在 finally 语句中，以确保文件能关闭。这样提高了程序健壮性，但是稍显烦琐。

7. 用with-as语句读取文件

Python提供了上下文管理器，它定义了运行时的上下文，设置了某个对象的使用范围，一旦离开这个范围就会有特殊的操作。Python使用with-as语句控制上下文，只要将打开文件的操作写在上下文管理器中，一旦离开上下文管理器，文件就会自动关闭，这样无论是否发生了异常都能确保文件关闭，而且不再需要用户调用close()函数。把例10-6的代码用with-as语句修改如下。

【例10-7】用with-as语句读取文件

```
with open("data.txt","r",encoding="utf-8") as fin:
    for data in fin:
        print(data,end="")
```

这段代码可以完成与例10-6近似的功能，因为with-as语句能确保在发生异常的情况下也能关闭文件，代码比较简洁，因此它是目前最常用的形式。

8. 处理文件中的数据

有了前面的基础，下面我们来编个小程序，处理学生成绩。假设某个班的学生成绩放在文件"score.txt"里，文件编码格式是UTF-8（保存文件时要特别注意编码格式，Windows系统自带的记事本默认采用GBK编码格式），文件格式如下。

```
古力      90
张华东    65
陈鹏程    78
宋连军    69
张玉顺    92
翟鹏展    74
...
```

现要求读取文件内容，按照分数从高到低排序，仍然以"姓名　成绩"的形式输出，每行输出一条数据。

容易想到，我们可以每读取一行数据就将它拆分成两部分：一部分是一个字符串，用于存储姓名；另一部分是一个整数，用于存储成绩。将这两部分拼装成一个二元组或字典中的元素，然后将所有元素存入列表中，再利用sort()函数排序输出。

【例10-8】读取成绩文件，并排序输出

```
with open("score.txt","r",encoding="utf-8") as fin:        #从文件中读取数据
    score=[]
    for line in fin:                                        #依次处理每行数据
        name,sc=line.split()
        score.append((name,int(sc)))                        #拼装成二元组并放入列表中
score.sort(key=lambda x:x[1], reverse=True)                 #按成绩降序排列
for elem in score:
    print(elem[0], elem[1])
```

我们在第 6 章曾介绍过这个例子，不过那时没有文件，只能把大量数据写在源代码中，大大降低了程序的灵活性。有了文件，就可以将大量数据写在文件中，然后利用代码从文件中读取数据，在内存中进行处理，实现了数据与代码的分离，大大提高了程序的灵活性，这样程序才具备了一定的实用价值。

10.2.3　写入文本文件

前面的程序只能将处理结果输出在屏幕上，无法长久保存。有了文件写入功能，就可以将处理结果保存在文件中，即使计算机重启也可以打开查看，这个功能称为"持久化"。

文件对象的写入方法有两个，分别是write()和writelines()。为了使用这两个方法，打开文件时应指定mode参数为"w""w+"或"a"。

【例10-9】用write()方法写入文件

```
fout=open("result.txt","w",encoding="utf-8")     #以"w"模式打开文件以便写入
fout.write("测试文件写入\n")                        #用write()方法写入一行，行末要添加换行符
fout.write("这是UTF-8 编码\n")
fout.write("这是最后一行\n")
fout.close()                                       #关闭文件
```

写入文件的代码很简单，这个程序会将三行字符串写入"result.txt"文件中。有两个地方要注意，一是write()方法写入一个字符串时，并不会在末尾添加换行符，如果确实需要换行符应该手动添加"\n"；二是文件写完之后一定要用close()函数关闭，因为Python的文件读写是有缓冲区的，用write()写入的数据其实写在了缓冲区中，如果不关闭就可能没有真正写入文件中。

【例10-10】用writelines()方法实现文本文件的复制

```
with open("data.txt","r",encoding="utf-8") as fin:    #从"data.txt"文件中读取数据
    content=fin.readlines()                           #保存在列表中
with open("result.txt","w", encoding="utf-8") as fout:
    fout.writelines(content)                          #一次性写入"result.txt"文件中
```

这段代码很容易地实现了对"data.txt"文件的复制，它的功能与Windows系统中的复制命令类似。虽然write()和writelines()方法的参数都是字符串，但也可以输出整数或浮点数。我们在例10-8的基础上进行改进，将排序后的成绩输出到"sorted.txt"文件中。

【例10-11】将成绩降序排列后输出到文件中

```
with open("score.txt","r",encoding="utf-8") as fin:
    score=[(line.split()[0], int(line.split()[1])) for line in fin]    #生成列表数据
score.sort(key=lambda x:x[1], reverse=True)
with open("sorted.txt","w",encoding="utf-8") as fout:                  #打开输出文件"sorted.txt"
    for elem in score:
        fout.write(elem[0]+" "+str(elem[1])+'\n')                      #将整数转换为字符串进行连接
```

程序运行之后，打开"sorted.txt"文件，会看到排序之后的数据。这个文件的存储形式是文本，优点是便于阅读和理解，缺点是比二进制文件占用更多空间。例如整数123456 用文本形式存储需要占用6个字节，如果用二进制机制存储只需要2个字节。Python也支持以二进制形式写入文件，但是操作比较复杂，这里不做介绍。

在上面这些例子中，写入文件采用的是"覆盖"模式，如果打开的文件不存在，则创建一个新文件并向里面写入内容；如果打开的文件存在，则写入数据时会覆盖原有内容。

在某些情况下，需要多次打开同一个文件（例如日志文件），并将新数据追加到原来的数据后面，这种模式叫作追加模式。要在Python中使用追加模式，需要在open()函数中采用"a"模式。

【例10-12】以追加模式写入数据

```
#以覆盖模式写第一行
with open("result.txt","w", encoding="utf-8") as fout:
    fout.write("这是第一行\n")
    fout.close()
#以覆盖模式写第二行
with open("result.txt","w", encoding="utf-8") as fout:
    fout.write("这是第二行\n")              #这里会覆盖第一次写入的数据
    fout.close()
#以追加模式写第三行
with open("result.txt","a", encoding="utf-8") as fout:
    fout.write("这是第三行\n")              #这里会追加到原来的数据后面
    fout.close()
```

这个程序分三次写入了三行数据到文件"result.txt"中，但是打开这个文件只能看到两行数据，分别是"这是第二行"和"这是第三行"。这是因为第二次打开文件时用的是覆盖模式，它会把第一次写入的数据覆盖掉。

10.3* 处理 CSV 文件

"CSV"的全称是 Comma-Separated Values，即逗号分隔值，有时也称为字符分隔值（因为在特定条件下，分隔字符也可以不是逗号，但最常见的分隔符是逗号或制表符）。CSV 文件被认为是一个"平面文件数据库"。

CSV 数据交换格式是一种通用的、相对简单的文件格式，常用于在程序之间传输表格数据。大部分程序都支持 CSV 变体，将其作为一种可选择的输入或输出格式。

我们日常使用的 Excel 和 WPS 都支持将普通的电子表格文件输出为 CSV 文件，也支持直接打开 CSV 文件进行处理。因此，当我们的代码无法直接处理 Excel 文件时，可以将它转换为 CSV 文件再进行处理。例如，用 WPS 打开一个如图 10-3 所示的电子表格文件（其扩展名通常是 .xlsx 或 .xls），然后将其另存为 CSV 文件，如图 10-4 所示。

图 10-3　电子表格文件　　　　　　　图 10-4　另存为 CSV 文件

对于标准格式（不含特殊控制符、图片、公式等）的电子表格文件，保存成CSV文件不会损失任何数据，因为CSV文件本质上是一个用逗号分隔的纯文本文件。可以用文本编辑器打开CSV文件，如图10-5所示。

图10-5　用文本编辑器打开CSV文件

10.3.1　纯文本方式

由于CSV文件是纯文本文件，因此Python可以在不使用任何第三方工具的情况下处理这种文件。其基本思路是：逐行读取数据；利用逗号进行分割，取出其中的某一项；放入列表或元组中进行处理。

【例10-13】读取CSV文件中的数据并进行处理

读取名为"投档线.csv"的文件，按照投档线从高到低进行排列。

```
with open("投档线.csv","r",encoding="GBK") as fin:
    rec=[]
    for line in fin:
        tp=tuple(line.split(','))          #每读取一行，就用逗号进行分割
        rec.append(tp)
head=rec.pop(0)                            #第一行是表头，要单独处理
print(head)
rec.sort(key=lambda x:int(x[4]), reverse=True)    #第5项是投档线，按照这一项排序
for elem in rec:
    print(elem)
```

以下是部分输出结果。

```
('招生代码', '学校', '专业代码', '专业组', '投档线', '位次\n')
('3201', '南京大学', '003', '第3组', '649', '599\n')
('3201', '南京大学', '002', '第2组', '646', '761\n')
('1107', '北京航空航天大学', '004', '第4组', '639', '1253\n')
```

```
('4202', '华中科技大学', '016', '第16组', '636', '1549\n')
('3104', '同济大学', '003', '第3组', '633', '1860\n')
```

📖 读取CSV文件时需要注意两点，首先，目前的电子表格软件在保存CSV文件时默认采用GBK编码格式，所以要设置参数encoding="GBK"；其次，每一行的末尾会读取一个回车符，分割之后这个回车符会保留在最后一个分割项中，如果想去掉这个回车符可以使用strip()函数。

对于上面这些数据，排序之后只需要保留学校、专业代码、投档线和位次数据，将其保存在一个名为"整理.csv"的文件中即可。

【例10-14】将数据保存到CSV文件中

```
with open("投档线.csv","r",encoding="GBK") as fin:
    rec=[]
    for line in fin:
        tp=tuple(line.split(','))
        rec.append(tp)
head=rec.pop(0)
rec.sort(key=lambda x:int(x[4]), reverse=True)

with open("整理.csv","w",encoding="GBK") as fout:    #准备保存到CSV文件中
    temp=head[1]+','+head[2]+','+head[4]+','+head[5]   #添加逗号作为分隔符
    fout.write(temp)
    for line in rec:
        temp=line[1]+','+line[2]+','+line[4]+','+line[5]
        fout.write(temp)
```

📖 这里要特别注意，CSV文件中的每条记录都必须是单独的一行，而write()函数并不会在字符串后面添加回车符，所以如果字符串后面没有回车符，需要额外添加。在上面这段代码中，变量line中包含了回车符（这是从文件中读取的），分割之后，最后一个变量（即line[5]）包含了这个回车符，所以不需要额外添加。

运行程序之后，用电子表格软件打开"整理.csv"文件，如图10-6所示。

	A	B	C	D	E
1	学校	专业代码	投档线	位次	
2	南京大学	3	649	599	
3	南京大学	2	646	761	
4	北京航空航天大学	4	639	1253	
5	华中科技大学	16	636	1549	
6	同济大学	3	633	1860	
7	同济大学	6	633	1860	
8	北京邮电大学	4	629	2332	
9	华中科技大学	15	627	2596	
10	武汉大学	4	627	2596	
11	武汉大学	7	627	2596	
12	中山大学	6	624	3062	
13	中山大学	8	624	3062	
14	华东师范大学	4	624	3062	
15	西安交通大学	6	624	3062	

图10-6 用电子表格软件打开"整理.csv"文件

10.3.2　csv 库

Python 还提供了 csv 库，可以更方便地处理 CSV 文件。

利用 csv 库处理 CSV 文件时，首先要用 open() 函数打开文件，然后利用 csv 库中的 reader() 函数读取数据。此外，还可以通过 DictReader() 和 DictWriter() 函数以键值对的形式处理文件中的数据。

【例10-15】利用 csv 库处理 CSV 文件

```
import csv
with open("投档线.csv","r",encoding="GBK") as fin:
    content=csv.reader(fin)              #读取内容
    head=next(content)                   #获取表头
    print(*head)
    for row in content:                  #依次处理其他数据
        print(*row)
```

这段代码的逻辑和例 10-13 一致，但是明显更简洁。

【例10-16】利用 csv 库保存 CSV 文件

读取"投档线.csv"文件中的数据，只保留其中的学校、专业代码、投档线、位次数据，保存到"精简信息.csv"文件中。

```
import csv
fin=open("投档线.csv","r",encoding="GBK")
#打开一个新文件准备写入，要特别注意参数 newline 的值为空，否则每输出一行后会多一个空行
csvfile=open("精简信息.csv","w",newline='', encoding="GBK")
content=csv.reader(fin)                          #读取内容
head=next(content)                               #获取表头
fout=csv.writer(csvfile)                         #创建输出对象
fout.writerow([head[1],head[2],head[4],head[5]])
for row in content:                              #依次处理其他数据
    fout.writerow([row[1],row[2],row[4],row[5]]) #输出一行数据
fin.close()
csvfile.close()
```

10.4*　处理 Excel 文件

Excel 文件是日常使用最多的电子表格文件，它的功能比 CSV 文件强大得多，因此使用范围更广泛。Excel 文件的常见格式以及对应的文件扩展名有两种，一种是传统的 .xls 格式，另一种是 .xlsx 格式，后者已经逐渐取代前者。本节主要介绍 .xlsx 文件的处理方法。

无论是 .xls 文件还是 .xlsx 文件，都是由特定格式修饰的数据文件，Python 自带的标准库无法处理，需要借助第三方库。目前处理 Excel 文件的第三方库有很多，例如 xlrd、xlwt、xlutils、openpyxl、xlsxwriter 等。

处理 Excel 文件的第三方库对比如表 10-3 所示。

表 10-3　处理 Excel 文件的第三方库对比

操作	xlrd、xlwt、xlutils	xlsxwriter	openpyxl	Excel 开放接口
读取	支持	不支持	支持	支持
写入	支持	支持	支持	支持
修改	支持	不支持	支持	支持
.xls文件	支持	不支持	不支持	支持
.xlsx文件	高版本支持	支持	支持	支持
大型文件	不支持	支持	支持	不支持
效率	快	快	快	慢
功能	较弱	强大	强大	强大

从表 10-3 中可以看出，openpyxl 库的功能比较齐全，它可以处理 .xlsx 文件，但不能处理 .xls 文件。不过目前大多数 Excel 文件是 .xlsx 格式，而且与 .xls 文件的转换也比较方便，所以 openpyxl 库的使用范围最广泛。由于篇幅限制，本书只介绍 openpyxl 库的使用方法。由于它是第三方库，所以使用之前要先用 pip 命令安装，命令如下。

```
D:\Program\Python\Scripts>pip install openpyxl
```

利用 openpyxl 库处理 Excel 文件的步骤如下。

- 引入 openpyxl 库。
- 打开要处理的 Excel 文件，读取其中的工作薄。
- 打开要处理的表单（可能存在多张表单），并保存在表单变量中。
- 通过表单变量读取指定单元格中的内容。
- 处理读取到的数据。
- 保存文件。

下面以"投档线.xlsx"文件作为处理对象，演示 openpyxl 库如何处理单元格中的数据。

【例10-17】利用 openpyxl 库处理单元格中的数据

为了便于读者理解，这里用交互式方式演示。

```
>>>import openpyxl
>>>wb=openpyxl.load_workbook('投档线.xlsx')          #打开指定文件，读取工作簿
>>>ws=wb.active                                      #打开要处理的表单
>>>ws=wb['投档线']                                    #也可以指定要打开的表单名字
>>>ws.active_cell                                    #当前光标所处的单元格
'A1'
>>>ws.active_cell='B1'                               #将激活单元格更改为"B1"
>>>ws['B2'].value                                    #查看单元格 B2 的值
'南京大学'
>>>ws['B2'].value='北京大学'                          #修改单元格 B2 的值
>>>ws['B2'].value                                    #修改成功
'北京大学'
>>>wb.save('投档线.xlsx')                             #把修改的值保存到文件中
```

📖　这个例子演示了对单元格的读写方法，功能简单，但仍有些地方需要注意。

1. 由于操作需要读取和写入数据，所以要处理的文件一定不能同时被 Excel 或 WPS 打开；

2. 单元格的名称只能用大写字母，使用小写字母不会报错，但是无法正常读写；

3. 修改单元格的值之后，修改的值只保存在内存中，需要用 save() 函数保存到文件中。

在这个例子中，处理的文件是已经存在的。如果要新建一个文件进行处理，直接使用 openpyxl.Workbook() 函数创建空白文件即可。

openpyxl 库还支持以行、列模式处理数据。

【例10-18】以行、列模式处理 .xlsx 文件中的数据

```
>>>import openpyxl
>>>wb=openpyxl.load_workbook('投档线.xlsx')
>>>ws=wb.active
>>>ws.delete_rows(1,1)                          #删除第一行
>>>ws.delete_cols(3,1)                          #删除第三列
>>>ws.insert_rows(1)                            #插入一个空白行
>>>ws.max_row                                   #当前工作簿的行数
31
>>>ws.min_row                                   #第一个非空白行的索引值
2                                               #新插入了一个空白行，所以这里是2
>>>head=['代码','学校','组别','分数','排位']     #准备表头数据
>>>for i in range(5):                           #将表头数据填入第一行对应的单元格中
ws.cell(1,i+1,head[i])
>>>ws['A1'].value                               #查看数据是否填充正确
'代码'
>>>ws.min_row                                   #第一行不再是空白行
1
>>>DataFrame=ws.rows                            #获取表单中的全部数据
>>>for line in DataFrame:                       #遍历表单中的每一行
        for cell in line:                       #取出每一行中的所有单元格数据
            print(cell.value, end=" ")
        print()
>>>                                             #为节约篇幅，这里省略了输出数据
>>> ws.append(['4305','湘潭大学','第2组','587','14510'])  #追加一行数据到表单末尾
>>>wb.save('副本.xlsx')                          #将上面所有改动一并保存到一个新 Excel 文件中
```

openpyxl 库还有很多辅助功能，具体的函数功能和使用方法可以参阅官方网站，本书不再叙述。

10.5*　综合示例

【例10-19】处理比赛选手信息

有一些选手参加比赛。报名名单包含每位选手的编号和姓名，每位选手的编号都是唯一

的，姓名有可能重复。选手是匿名参加比赛的，因此比赛名单中只有选手的编号而没有姓名。比赛完成后，需要把所有选手的比赛名次公示出来，因此需要将报名名单中的选手姓名合并到公示名单中，这样公示名单中就含有选手编号、姓名和名次三项信息。

报名名单、比赛名单和公示名单都是Excel文件，如图10-7、10-8和10-9所示（只显示部分数据）。

这个问题是一个典型的数据合并问题，熟悉Excel操作的读者应该知道，这个问题可以利用VLOOKUP函数解决。不过我们可以用Python的openpyxl库读取Excel文件中的数据，再利用字典解决查找问题，利用表单对象将数据插入，最后再保存到Excel文件中。

	A	B
1	选手编号	姓名
2	3001	韩枫
3	3002	王宇轩
4	3003	李成龙
5	3004	孟汉君
6	3005	黄文
7	3006	孙毅
8	3007	罗湘恒
9	3008	刘红祥
10	3009	黄伟雄
11	3010	刘腾
12	3011	肖坤
13	3012	周杰胜
14	3013	戴宁
15	3014	李超

图10-7　报名名单

	A	B
1	选手编号	名次
2	3001	13
3	3002	39
4	3003	3
5	3004	7
6	3005	5
7	3006	31
8	3007	2
9	3008	8
10	3009	1
11	3010	26
12	3011	28
13	3012	37
14	3013	32
15	3014	15

图10-8　比赛名单

	A	B	C
1	选手编号	姓名	名次
2	3001	韩枫	13
3	3002	王宇轩	39
4	3003	李成龙	3
5	3004	孟汉君	7
6	3005	黄文	5
7	3006	孙毅	31
8	3007	罗湘恒	2
9	3008	刘红祥	8
10	3009	黄伟雄	1
11	3010	刘腾	26
12	3011	肖坤	28
13	3012	周杰胜	37
14	3013	戴宁	32
15	3014	李超	15

图10-9　公示名单

```
import openpyxl
#读取报名名单数据
roster_wb=openpyxl.load_workbook('报名名单.xlsx')
roster_ws=roster_wb.active
roster_dict={}
DataFrame=roster_ws.rows
next(DataFrame)                           #跳过表头数据
for line in DataFrame:                    #依次读取表格中的数据
    roster_dict[line[0].value]=line[1].value

#读取比赛名单数据
rank_wb=openpyxl.load_workbook('比赛名单.xlsx')
rank_ws=rank_wb.active
rank_ws.insert_cols(2)                    #插入名次列
rank_ws['B1'].value='名次'
for i in range(2,rank_ws.max_row+1):      #从第2行开始，跳过表头
    number=int(rank_ws[i][0].value)       #获取当前选手的编号
    name=roster_dict[number]              #查找该选手的姓名
    rank_ws.cell(i,2,name)                #将姓名写入单元格中

rank_wb.save('公示名单.xlsx')             #保存到新文件中
```

在这个程序中，公示名单没有按照名次排序，而且表单对象本身并没有排序功能，所以只能保存成Excel文件再进行排序。如果要进行排序，需要将表单对象中的数据保存到列表中，

然后使用列表的排序功能，再将列表写到空白的表单对象中。

【例10-20】处理比赛选手的信息，并排序保存

```
import openpyxl
#读取报名名单数据
roster_wb=openpyxl.load_workbook('报名名单.xlsx')
roster_ws=roster_wb.active
roster_dict={}
DataFrame=roster_ws.rows
next(DataFrame)                          #跳过表头数据
for line in DataFrame:                   #依次读取表格中的数据，形成字典
    roster_dict[line[0].value]=line[1].value


#读取比赛名单数据
rank_wb=openpyxl.load_workbook('比赛名单.xlsx')
rank_ws=rank_wb.active
rank_info=[]
DataFrame=rank_ws.rows
next(DataFrame)
for line in DataFrame:
    number=int(line[0].value)            #获取当前选手的编号
    name=roster_dict[number]             #查找该选手的姓名
    rank_info.append([line[0].value,name,line[1].value])      #保存选手编号、姓名和名次


rank_info.sort(key=lambda x:x[2])        #按名次排序


#创建新.xlsx文件
pub_wb=openpyxl.Workbook()
pub_ws=pub_wb.active
pub_ws.title="公示名单"
pub_ws.append(['选手编号','姓名','名次'])    #增加表头
for line in rank_info:
    pub_ws.append(line)


pub_wb.save('公示名单_已排序.xlsx')          #保存到新文件中
```

习题

1、打开一个文本文件，将其中的内容显示在屏幕上（文件名由用户输入）。

2、用户指定一个文本文件，将其复制一个副本。

3、将用户输入的文字保存到一个文本文件中。

4、有一个保存了学生成绩的文本文件，每行有一条记录（姓名和成绩），请读取数据，按照成绩从高到低排序，然后输出到一个新文件中。

5、有一个保存了学生成绩的CSV文件，每行有一条记录（姓名和成绩），请读取数据，按照成绩从高到低排序，然后输出到一个新CSV文件中。

6、有一个.xlsx文件保存了学生成绩，每行有一条记录（姓名和成绩），请读取数据，按照成绩从高到低排序，然后输出到一个新.xlsx文件中。

7*、在例10-13处理的"投档线.csv"文件中，有些学校有两组投档线，请为每所学校保留最高投档线。

8*、有一个.xlsx文件保存了学生的平时成绩和期末考试成绩，第一张表单保存了平时成绩，第二张表单保存了期末考试成绩，记录格式都是"姓名 成绩"，请将两张表单合并成一张表单，保存每个学生的姓名、平时成绩、考试成绩、期评成绩（期评成绩=平时成绩×0.3+考试成绩×0.7，结果保留一位小数）。将结果保存到一个新.xlsx文件中，假定没有同名同姓的学生。

9*、第 8 题保存的名单没有按照名次排序，请修改程序代码，使保存的名单按名次升序排列。

第 **11**章*

数据处理与可视化

Python能成为流行语言的一个重要原因是它强大的数据处理能力。Python拥有各种功能强大的第三方库，用户可以利用这些库进行数据处理。例如 pandas、statsmodels、scipy 等库用于数据处理和统计分析；matplotlib、seaborn、bokeh 等库可以实现数据的可视化；sklearn、keras、tensorflow 等库可以实现数据挖掘、深度学习等。

用于数据处理和可视化的常用工具是 pandas、numpy 和 matplotlib，它们又称为 Python 数据处理"三剑客"。它们的功能互相补充，相互配合，可以完成非常复杂的数据分析和可视化功能。其中 numpy 主要完成矩阵计算，pandas 主要完成数据读取和分析，matplotlib 主要完成可视化。它们可以在很大程度上代替 MATLAB 的功能。而且与收费的 MATLAB 相比，这些第三方库是免费的，这是它们巨大的优势。本章将对这三个第三方库做初步介绍。

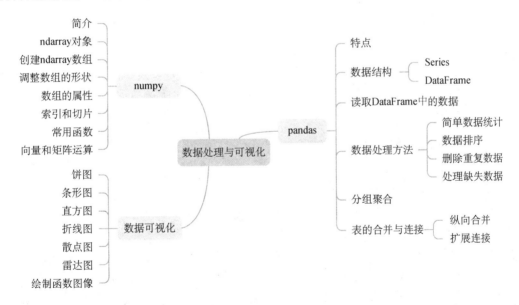

11.1　numpy

11.1.1　简介

numpy 是一个 Python 第三方库，主要用于科学计算。利用 numpy，用户可以轻松完成下列工作。

- 多维数组的使用。
- 矩阵运算。
- 快速傅里叶变换。
- 生成各种类型的随机数。

11.1.2　ndarray 对象

本书在前面的章节中介绍过 Python 中原生的数组——列表。列表的功能很强大，但只适合处理一维数组，如果要处理二维或更高维的数组，就必须使用列表嵌套。而且列表对高维数组的支持比较少，使用起来比较麻烦。为了解决这一问题，numpy 提供了多维数组（ndarray）对象，这也是 numpy 的核心数据结构。

多维数组通常包含两个部分：多维数组数据本身和描述数据的元数据。与列表相比，多维数组具有以下优势。

- 多维数组通常是由相同类型的元素组成的，所以能快速确定存储数据所需的空间大小。
- 能运用向量化运算处理整个数组，速度较快；而列表通常需要借助循环语句遍历（也可以说是标量化运算），运行效率较低。
- 多维数组使用优化过的 C 语言应用程序接口，运算速度较快。

下面用一个例子说明二者的区别。

【例 11-1】分别用列表和多维数组完成数组赋值

分别用列表和多维数组得到一个数组，其元素为 1^2+1^3、2^2+2^3、3^2+3^3、$\cdots$、1000^2+1000^3。

```python
import numpy as np                          #引入 numpy 库
import time

st=time.perf_counter()
a=[x**2 for x in range(1,1001)]
b=[x**3 for x in range(1,1001)]
s=[a[i]+b[i] for i in range(1000)]          #用迭代的方式求每个元素
et=time.perf_counter()
print(f"标量计算耗时{(et-st)*1000}")

st=time.perf_counter()
va=np.arange(1,1001)**2                      #产生 ndarray 对象
vb=np.arange(1,1001)**3
vs=va+vb                                     #利用向量加法运算产生数据
et=time.perf_counter()
print(f"向量计算耗时{(et-st)*1000}")
```

这个程序在不同计算机上的运行结果各不相同，在编者的计算机上显示为：

```
标量计算耗时 1.2064410000000025
向量计算耗时 0.032189999999987506
```

由结果可知，标量计算耗时为向量计算耗时的40倍左右。因此在进行向量或矩阵运算时，应尽量选择numpy中的多维数组对象。

11.1.3　创建 ndarray 数组

创建 ndarray 数组的方法有很多，除了例 11-1 使用的 numpy.arange() 方法，还可以使用 numpy.array() 方法，以列表或元组作为参数来创建。

【例11-2】创建一维数组

```
>>>import numpy as np
>>>arr_list=np.array([12,54,22,31])        #利用列表创建数组
>>>type(arr_list)
<class 'numpy.ndarray'>                     #数据类型是ndarray
>>>arr_list
array([12, 54, 22, 31])
>>>arr_tuple=np.array((37,85,65,93))        #利用元组创建数组
>>>type(arr_tuple)
<class 'numpy.ndarray'>
>>>arr_tuple
array([37, 85, 65, 93])
>>>print(arr_tuple)
[37 85 65 93]                               #注意这个数组，元素之间没有逗号
>>>type(arr_tuple[0])
<class 'numpy.int32'>                       #元素的类型是 32 位整数
>>>arr_int64=np.array([30,25,16,98], dtype=np.int64)   #指定元素类型为64位整数
>>>type(arr_int64[0])
<class 'numpy.int64'>
```

通过上面的例子可以看出，一维数组的数据类型默认是int32（即32位整数），它能存储的数据大小是有限的（$-2^{31} \sim 2^{31}-1$），这与Python原生的int类型不同（int类型能存储的数据大小几乎无限制）。如果这个数据范围不够，可以在创建时指定数据类型为int64。

ndarray 的数据类型如表 11-1 所示。

表 11-1　ndarray 的数据类型

数据类型	说明
bool	逻辑值，True 或 False
inti	长度由平台决定，一般是 32 位或 64 位
int8	8 位（1 字节）整数，取值范围是 -128～127
int16	16 位（2 字节）整数，取值范围是 -32768～32767
int32	32 位（4 字节）整数，取值范围是 $-2^{31} \sim 2^{31}-1$
int64	64 位（8 字节）整数，取值范围是 $-2^{63} \sim 2^{63}-1$
uint8	8 位（1 字节）无符号整数，取值范围是 0～255
uint16	16 位（2 字节）无符号整数，取值范围是 0～65536

数据类型	说明
uint32	32位（4字节）无符号整数，取值范围是 $0\sim2^{32}-1$
uint64	64位（8字节）无符号整数，取值范围是 $0\sim2^{64}-1$
float16	16位（2字节）半精度浮点数，1位符号位，5位指数位，10位尾数位，3～4位有效位（十进制）
float32	32位（4字节）单精度浮点数，1位符号位，8位指数位，23位尾数位，6～7位有效位（十进制）
float64 或 float	64位（4字节）双精度浮点数，1位符号位，11位指数位，52位尾数位，16～17位有效位（十进制）
complex64	复数类型，实部和虚部都是32位浮点数
complex128 或 complex	复数类型，实部和虚部都是64位浮点数

各种数据类型之间可以进行强制类型转换，例如：

```
>>>np.int16(3.14)
3
>>>np.float(23)
23.0
>>>np.int8(123456)
64
```

除了一维数组，也可以利用array()方法创建二维数组，其形式与列表的嵌套差不多。

【例11-3】创建二维数组

```
>>>import numpy as np
>>>arr2=np.array([[1,2,3,4],[5,6,7,8]])    #创建二维数组，注意列表需要嵌套
>>>type(arr2)                              #这个数组自身是ndarray对象
<class 'numpy.ndarray'>
>>>type(arr2[0])                           #0号元素仍然是ndarray对象
<class 'numpy.ndarray'>
>>>type(arr2[0][0])                        #存储数据的单元是int32类型
<class 'numpy.int32'>
>>>print(arr2)
[[1 2 3 4]
 [5 6 7 8]]
>>>print(arr2[0])
[1 2 3 4]
>>>print(arr2[0][0])
1
```

由例 11-3 可以看出，二维ndarray对象的元素是一维的ndarray对象，它存储数据的单元是int32类型。

📖 这里要特别注意：ndarray二维数组中每一行的元素数量必须相等，数据类型也要相同。

在 array()方法中，除了使用列表和元组，还可以利用 arange()和 reshape()方法创建二维甚至高维数组。

【例11-4】创建高维数组

```
>>>import numpy as np
>>>arr1=np.arange(1,4)                          #创建一维数组
>>>print(arr1)
[1 2 3]
>>>arr2=np.array([np.arange(1,4),np.arange(5,8)])   #创建二维数组
>>>print(arr2)
[[1 2 3]
 [5 6 7]]
>>>arr3=np.arange(24).reshape(2,3,4)            #创建三维数组
>>>print(arr3)
[[[ 0  1  2  3]
  [ 4  5  6  7]
  [ 8  9 10 11]]

 [[12 13 14 15]
  [16 17 18 19]
  [20 21 22 23]]]
```

11.1.4 调整数组的形状

数组创建完成后，可能由于各种原因需要调整它的大小或形状，numpy 提供了 reshape()和 resize()方法来实现这一目标。二者之间的区别在于：reshape()方法不会改变数组本身，而是生成新数组；而 resize()方法会改变数组本身的形状。

【例11-5】调整数组形状

```
>>>import numpy as np
>>>arr=np.arange(12)                            #创建有12个元素的一维数组
>>>print(arr)
[ 0  1  2  3  4  5  6  7  8  9 10 11]
>>>arr.reshape(2,6)                             #调整得到一个2行、6列的二维数组
array([[ 0,  1,  2,  3,  4,  5],
       [ 6,  7,  8,  9, 10, 11]])
>>>print(arr)                                   #数组本身并没有变化
[ 0  1  2  3  4  5  6  7  8  9 10 11]
>>>arr.reshape(3,2,2)                           #调整得到一个3×2×2的三维数组
array([[[ 0,  1],
        [ 2,  3]],

       [[ 4,  5],
        [ 6,  7]],

       [[ 8,  9],
        [10, 11]]])
```

```
>>>arr.resize(3,4)                          #转变为一个3行、4列的二维数组
>>>print(arr)
[[ 0  1  2  3]
 [ 4  5  6  7]
 [ 8  9 10 11]]
```

11.1.5　数组的属性

数组有很多属性，获取这些属性可以方便地处理数组中的数据，下面通过示例程序展示这些属性的获取方法。

【例11-6】获取数组属性

```
>>>import numpy as np
>>>arr=np.arange(12).reshape(3,4)           #创建一个3行、4列的二维数组
>>>arr.dtype                                #数组的数据类型
dtype('int32')
>>>arr.size                                 #数组的元素数量
12
>>>arr.itemsize                             #每个元素占据的空间大小（以字节为单位）
4
>>>arr.nbytes                               #数组占据的字节空间
48
>>>arr.ndim                                 #数组的维度，这里是二维数组
2
>>>arr.shape                                #数组的形状，这里是3行、4列
(3, 4)
>>>arr.T                                    #数组转置，得到一个4行、3列的新数组
array([[ 0,  4,  8],
       [ 1,  5,  9],
       [ 2,  6, 10],
       [ 3,  7, 11]])
```

11.1.6　索引和切片

尽管 numpy 提供了不少方法可以对数组整体进行处理，但很多时候需要用户自行处理数组中的单个元素，这就需要使用索引和切片，它们的使用方法与列表基本相同。

【例11-7】索引和切片

```
>>>import numpy as np
>>>arr=np.arange(12)                        #创建有12个元素的一维数组
>>>arr[10]                                  #使用正向索引获取元素
10
>>>arr[-1]                                  #使用负向索引获取元素
11
```

```
>>>arr[3:]                              #切片，3号元素到最后一个元素
array([ 3,  4,  5,  6,  7,  8,  9, 10, 11])
>>>arr[3::2]                            #切片，从3号元素起，每两个元素取一个
array([ 3,  5,  7,  9, 11])
>>>arr[::-1]                            #获取逆序数组
array([11, 10,  9,  8,  7,  6,  5,  4,  3,  2,  1,  0])
>>>arr.resize(3,4)                      #将数组调整为3行、4列的二维数组
>>>print(arr)
[[ 0  1  2  3]
 [ 4  5  6  7]
 [ 8  9 10 11]]
>>>arr[2][3]                            #使用索引获取最后一个元素
11
>>>arr[-1][-1]                          #使用负值索引获取最后一个元素
11
>>>arr[1]                               #获取一行中的所有元素，它也是一个ndarray对象
array([4, 5, 6, 7])
>>>arr[0:2,0:3]                         #二维数组切片，可以获取指定区域
array([[0, 1, 2],
    [4, 5, 6]])
```

11.1.7　常用函数

numpy 提供了一些统计函数，说明如下。

- numpy.sum()：返回和。
- numpy.mean()：返回均值。
- numpy.max()：返回最大值。
- numpy.min()：返回最小值。
- numpy.ptp()：数组沿指定轴返回最大值与最小值之差。
- numpy.std()：返回标准偏差（Standard Deviation）。
- numpy.var()：返回方差（Variance）。
- numpy.cumsum()：返回依次累加值。
- numpy.cumprod()：返回依次累乘积。

【例11-8】numpy 的常用函数

```
>>>import numpy as np
>>>arr=np.array([np.random.randint(1,100) for x in range(10)])
>>>arr
array([48, 88, 19, 12,  9, 23, 91, 50, 71, 20])
>>>np.sum(arr)
431
>>>np.mean(arr)
43.1
```

```
>>>np.max(arr)
91
>>>np.min(arr)
9
>>>np.ptp(arr)
82
>>>np.var(arr)
880.8900000000001
>>>np.std(arr)
29.679791104386165
>>>np.cumsum(arr)
array([ 48, 136, 155, 167, 176, 199, 290, 340, 411, 431], dtype=int32)
```

在例 11-8 中，arr 是一维数组，所以无须指定统计方向。如果是二维数组或高维数组，则需要用 axis 参数指定统计方向。

11.1.8　向量和矩阵运算

numpy 的重要功能是实现向量和矩阵运算，用户无须编写烦琐的代码，直接调用其中的函数即可。

【例11-9】向量运算

```
>>>import numpy as np
#生成两个随机向量
>>>va=np.array([np.random.randint(1,100) for x in range(10)])
>>>vb=np.array([np.random.randint(1,100) for x in range(10)])
>>>va
array([80, 87, 71, 70, 75, 27, 65, 94, 33, 82])
>>>vb
array([69, 61, 49, 33, 3, 17, 80, 27, 19, 4])
>>>np.dot(va,vb)                        #求两个向量的点积
25993
>>>np.inner(va,vb)                      #求两个向量的内积，对于向量而言，它与点积是一样的
25993
>>>va+vb                                #两个向量相加
array([149, 148, 120, 103, 78, 44, 145, 121, 52, 86])
>>>va+100                               #向量与标量相加，也称为数组的广播
array([180, 187, 171, 170, 175, 127, 165, 194, 133, 182])
>>>va*10                                #向量与标量相乘
array([800, 870, 710, 700, 750, 270, 650, 940, 330, 820])
```

对于矩阵而言，常见的操作有矩阵转置、求逆矩阵、矩阵相乘、矩阵相加（减），以及利用矩阵求解方程组、行列式求值等。

【例11-10】矩阵运算

```
>>>import numpy as np
```

```
>>>ma=np.array([np.random.randint(1,100) for x in range(12)]).reshape(3,4)
>>>ma                                    #生成一个3行、4列的矩阵
array([[45, 28,  2, 79],
    [35,  7, 16, 56],
    [21,  1, 96, 50]])
>>>ma.T                                   #求转置矩阵
array([[45, 35, 21],
    [28,  7,  1],
    [ 2, 16, 96],
    [79, 56, 50]])
>>>mb=np.array([np.random.randint(1,100) for x in range(12)]).reshape(4,3)
>>>mb                                    #生成一个4行、3列的矩阵
array([[15, 69, 83],
    [72, 66, 74],
    [64, 53, 21],
    [58, 26, 68]])
>>>np.vdot(ma,mb)                          #求两个矩阵的点积
21676
>>>mc=np.dot(ma,mb)         #矩阵相乘，得到一个新矩阵，它与np.matmul(ma,mb)等价
>>>mc
array([[ 7401,  7113, 11221],
    [ 5301,  5181,  7567],
    [ 9431,  7903,  7233]])
>>>mc_inv=np.linalg.inv(mc)                 #求 mc 的逆矩阵
>>>mc_inv
array([[ 2.61104627e-03, -4.35387063e-03,  5.04242900e-04],
    [-3.86166567e-03,  6.11530948e-03, -4.06856953e-04],
    [ 8.14871625e-04, -1.00483021e-03, -7.46750017e-05]])
>>>np.dot(mc,mc_inv)                     #两个互逆矩阵相乘，得到单位矩阵
array([[ 1.00000000e+00, -2.10595430e-15,  1.28776113e-16],
    [-1.26277027e-15,  1.00000000e+00, -9.11542977e-17],
    [-7.02671428e-16, -5.45050116e-15,  1.00000000e+00]])
>>>md=np.array([np.random.randint(1,100) for x in range(9)]).reshape(3,3)
>>>md                        #生成一个3行、3列的矩阵，也可以看成一个行列式
array([[99, 98, 32],
    [82, 56, 57],
    [67, 61, 18]])
>>>np.linalg.det(md)                       #求行列式的值
25183.000000000025
>>>np.linalg.matrix_rank(md)                #求矩阵的秩
3
#下面演示线性方程组的求解，线性方程组的形式为 ax=b
>>>a=np.array([[8, -6, 2],[-4, 11, -7],[4, -7, 6]])      #系数矩阵有 3 行、3 列
>>>b=np.array([[28],[-40],[33]])               #矩阵 b 有 3 行、1 列
```

```
>>>x=np.linalg.solve(a, b)
>>>print(x)
[[ 2.]
 [-1.]
 [ 3.]]
```

numpy 的功能非常强，有上千个函数。限于篇幅，本书不能一一介绍，读者可以到官网上查阅手册。

11.2　pandas

pandas 是 Python 的第三方数据分析库，是 python+data+analysis 的缩写。pandas 是在 numpy 的基础上实现的，其核心数据结构与 numpy 的 ndarray 十分相似，但它与 numpy 的关系不是互相替代，而是互相补充。二者之间的主要区别如下。

- numpy 的核心数据结构是 ndarray，支持任意维数的数组，但要求单个数组内的所有数据类型必须相同；而 pandas 的核心数据结构是 Series 和 DataFrame，仅支持一维和二维数组，但数据内部可以是异构的，仅要求同列数据类型一致。
- numpy 的数据结构仅支持数字索引，而 pandas 的数据结构同时支持数字索引和标签索引。
- numpy 虽然也支持字符串等数据类型，但主要用于数值计算，内部集成了大量矩阵计算库。
- pandas 主要用于数据处理与分析，支持数据读写、数据分析、数据可视化。

11.2.1　特点

pandas 主要用于数据处理与分析，主要具有以下功能。
- 按索引匹配的广播机制。这里的广播机制与 numpy 的广播机制有很大不同。
- 便捷的数据读写操作。pandas 的两种数据结构均支持标签索引。
- 连接和分组功能。
- 类似于 Excel 的数据透视表功能。Excel 中最强大的数据分析工具之一——数据透视表在 pandas 中也可轻松实现。
- 自带正则表达式的字符串向量化操作。
- 丰富的时间序列向量化处理接口。
- 常用的数据分析与统计功能，包括分组统计分析等。
- 集成 matplotlib 的常用可视化接口，无论是 Series 还是 DataFrame，均支持面向对象的绘图接口。

11.2.2　数据结构

pandas 的核心数据结构有两种：一维的 Series 和二维的 DataFrame，二者可以看作在

numpy 的一维数组和二维数组的基础上增加了相应的标签信息，所以 numpy 中关于数组的用法基本可以直接应用于这两种数据结构，包括数据创建、切片访问、函数、广播机制等。

Series 是带标签的一维数组，所以可以看作类字典结构，其中标签是 Key，取值是 Value，不过 Series 形式上是一个列数组，而不是行数组。DataFrame 则可以看作嵌套字典结构，其中列名是 Key，每一列的 Series 是 Value。但它们不是真正意义上的字典，原因在于 Series 允许标签名重复，DataFrame 则允许列名和标签名均有重复，而一个真正的字典不允许 Key重复。

1. 一维数组（Series）

创建 Series 对象的一种方法是先生成 DataFrame 对象，另一种方法是直接生成 Series对象。

【例 11-11】Series 对象的创建和使用

```
>>>import pandas as pd
>>>se=pd.Series([3,2,5])              #利用列表创建 Series 对象
>>>se
0    3                                 #第一列是索引值，第二列是元素值
1    2
2    5
dtype: int64                          #默认数据类型是 int64
 >>>se.index                          #Series 的索引值
RangeIndex(start=0, stop=3, step=1)
>>>se[0]                              #利用索引值访问元素
3
>>>print(se.name)                    #当前标签值为空
None
>>>se.rename("test")                 #更改标签值，注意它自身并没有变，而是返回了一个新 Series 对象
0    3
1    2
2    5
Name: test, dtype: int64
>>>se.max()
5
>>>se.sum()
10
>>>se.sort_values()                  #对值进行排序，它自身并没有发生变化
1    2
0    3
2    5
dtype: int64
#下面利用字典创建 Series 对象
>>>gdp=pd.Series({'北京':2.8,'上海':3.1,'广东':9.1,'江苏':8.5,'浙江':5.2})
>>>gdp
```

```
北京     2.8
上海     3.1
广东     9.1
江苏     8.5
浙江     5.2
dtype: float64
```

2. 二维数组（DataFrame）

二维数组是由一维数组组成的，它们之间的关系如图11-1所示。

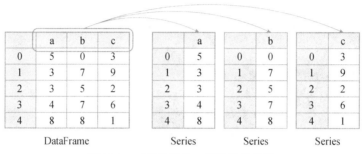

图11-1　二维数组和一维数组的关系

第一列的0~4是DataFrame的索引值，第一行的a、b、c是标签值。在处理DataFrame中的数据时还要注意方向问题，axis等于1表示横轴方向，axis等于0表示纵轴方向。

创建DataFrame对象有两种方法，一种是利用pandas的接口函数从文件中读取数据，相关函数会创建DataFrame对象并返回，可以读取的文件有以下三种。

- 文本文件，主要包括CSV文件和TXT文件，相应接口为read_csv()和to_csv()。
- Excel文件，包括.xls和.xlsx两种格式，调用xlwt库和xlrd库进行Excel文件操作，相应接口为read_excel()和to_excel()。
- SQL文件，支持大部分主流关系型数据库（例如MySQL），相应接口为read_sql()和to_sql()。

另一种方法是利用列表或元组中的数据，直接用DataFrame的构造方法来创建。

【例11-12】创建DataFrame对象

本例使用的文件仍然是第10章用过的"投档线.xlsx"文件。

```
>>>import pandas as pd
>>>df=pd.read_excel("投档线.xlsx")              #读取文件
>>>df
     招生代码      学校      专业代码    专业组     投档线     位次
0     3201     南京大学       3     第3组     649     599
1     3201     南京大学       2     第2组     646     761
2     1107   北京航空航天大学    4     第4组     639     1253
3     4202   华中科技大学     16    第16组     636     1549
4     3104     同济大学       3     第3组     633     1860
5     3104     同济大学       6     第6组     633     1860
```

6	1106	北京邮电大学	4	第4组	629	2332
7	4202	华中科技大学	15	第15组	627	2596
8	4201	武汉大学	4	第4组	627	2596
9	4201	武汉大学	7	第7组	627	2596
10	4401	中山大学	6	第6组	624	3062

```
...
>>>type(df)                                    #df 是 DataFrame 对象
<class 'pandas.core.frame.DataFrame'>
>>>df=pd.DataFrame([[1,2],[3,4],[5,6]])        #利用二维列表创建 DataFrame 对象
>>>df
     0    1
0    1    2
1    3    4
2    5    6
#以集合形式创建 DataFrame 对象
>>>df=pd.DataFrame({'姓名':['罗勇','章北极','王思国'],'年龄':[22,21,20],'籍贯':['北京','湖南','湖北']})
>>>df
      姓名    年龄    籍贯
0     罗勇    22    北京
1     章北极   21    湖南
2     王思国   20    湖北
```

pandas 最常见的数据来源是 Excel 文件，因此它提供了非常强大的读取功能，完整的读取函数声明如下。

```
pandas.read_excel ( io,sheetname=0,header=0,skiprows=None,skip_footer=0,index_col=None,names=None, parse_cols=
None,parse_dates=False,na_values=None,thousands=None,convert_float=True,converters=None )
```

参数说明如下。
- io：文件路径。
- sheetname：指定需要读取第几个表单，既可以传递整数也可以传递具体的表单名称。
- header：指定是否需要将数据集的第一行作为表头，默认为需要。
- skiprows：读取数据时，指定开始跳过的行数。
- skip_footer：读取数据时，指定末尾跳过的行数。
- index_col：指定哪些列用作数据框的行索引（标签）。
- names：如果原数据集中没有表头字段，可以通过该参数在读取数据时给数据框添加具体的表头。
- parse_cols：指定需要解析的字段。
- parse_dates：如果为 True，尝试解析数据框的行索引；如果参数为列表，尝试解析对应的日期列；如果参数为嵌套列表，将某些列合并为日期列；如果参数为字典，解析对应的列（字典中的值），并生成新字段名（字典中的键）。
- na_values：指定原始数据中哪些特殊值代表缺失值。
- thousands：指定原始数据集中的千分位符。

- convert_float：默认将所有数值型数据转换为浮点型。
- converters：通过字典的形式，指定某些列需要转换的形式。

例如，“服装.xlsx”文件的内容如图11-2所示。

	A	B	C	D
1	00101	女士上衣	黑色	209
2	01231	女士裙	白色	258
3	01231	儿童鞋	白色	220
4	02221	男士上衣	黑色	268

图11-2　“服装.xlsx”文件的内容

读取数据时需要注意两点，一是该表没有表头，要在读取数据前设置表头；二是数据集的第一列实际上是字符型字段，要避免读取数据时自动变成数值型。

```
>>>cloth=pd.read_excel("服装.xlsx", header=None,converters={0:str},names=['编码','型号','颜色','价格'])
>>>cloth
     编码     型号     颜色     价格
0   00101   女士上衣   黑色    209
1   01231   女士裙    白色    258
2   01231   儿童鞋    白色    220
3   02221   男士上衣   黑色    268
```

📖　read_excel()函数的关键字参数具有很强的容错功能，写错参数名称时（例如将header误写成head），函数仍然可以读取数据，并不会报错，只是数据的处理结果可能不如用户预期的那样，这时请认真检查参数名称是否拼写错误。

11.2.3　读取 DataFrame 中的数据

对于DataFrame中的数据，可以像numpy中的二维数组一样来处理，不同的是它增加了列名和标签，使用起来更灵活。它也可以以列、行、单元格、区域的形式处理数据。

【例11-13】读取DataFrame 中的数据

```
>>>import pandas as pd
>>>df=pd.read_excel("投档线.xlsx")                    #读取数据
>>>df.head(3)                                        #获取前3行数据，参数可以为空，默认为5行
    招生代码   学校   专业代码   专业组   投档线   位次
0   3201   南京大学   3   第3组   649   599
1   3201   南京大学   2   第2组   646   761
2   1107   北京航空航天大学   4   第4组   639   1253
>>>df.tail()                                         #获取最后5行的数据，也可以指定行数
    招生代码   学校   专业代码   专业组   投档线   位次
24   4301   湖南大学   2   第2组   604   7239
25   4301   湖南大学   4   第4组   603   7519
26   4403   暨南大学   17   第17组   602   7803
27   4203   武汉理工大学   4   第4组   602   7803
28   4403   暨南大学   16   第16组   601   8120
>>>df[2:4]                                           #以切片形式获取指定行的数据
    招生代码   学校   专业代码   专业组   投档线   位次
```

```
2     1107     北京航空航天大学     4     第4组     639     1253
3     4202     华中科技大学     16     第16组     636     1549
>>>df.shape                                    #获取行、列数
(29, 6)
>>>df.dtypes                                   #获取每一列的数据类型
招生代码     int64
学校     object
专业代码     int64
专业组     object
投档线     int64
位次     int64
dtype: object
#下面获取列数据，有3种方法
>>>df['学校']                                  #通过索引获取列数据
0     南京大学
1     南京大学
2     北京航空航天大学
3     华中科技大学
4     同济大学
5     同济大学
...
>>>df.get('招生代码')                           #通过get()函数获取列数据，类似于字典
0     3201
1     3201
2     1107
3     4202
4     3104
5     3104
...
>>>df.投档线                                    #直接用列名作属性也可以获取相应的数据
0     649
1     646
2     639
3     636
4     633
5     633
...
>>>df[2:3]['学校']                             #获取指定单元格的数据
2     北京航空航天大学
Name: 学校, dtype: object
```

　　有时我们只需要表单中的一部分数据（即某个数据子集），DataFrame 提供了三种方法
（本质上是 DataFrame 的属性），分别是 iloc、loc 和 ix。它们的语法规则是一样的，都是二维
切片形式：[rows_select,cols_select]。它们之间的区别和联系如下。

　　● iloc 只能通过行号和列号进行筛选，该索引方式与数组的索引方式类似，都是从 0 开
始，可以间隔取值。

- loc 比 iloc 灵活，可以指定具体的行标签（行名称）和列标签（字段名）。注意，这里是标签而不是索引，还可以将 rows_select 指定为具体的筛选条件。
- ix 综合了 iloc 和 loc，更灵活（注意：ix 只在较低版本的 pandas 中存在，目前的主流版本已没有这个方法）。

下面仍然以"投档线.xlsx"中的数据为例介绍前两种方法。

【例 11-14】获取数据子集

```
>>>import pandas as pd
>>>df=pd.read_excel("投档线.xlsx")              #读取数据
>>>df.iloc[1:4,0:2]                      #用切片指定子集区域，第一个参数是行号，第二个参数是列号
     招生代码      学校
1    3201      南京大学
2    1107      北京航空航天大学
3    4202      华中科技大学
>>>df.iloc[24:, [0,1,4,5]]               #以列表形式指定要获取的列的索引值
     招生代码      学校        投档线     位次
24   4301      湖南大学      604     7239
25   4301      湖南大学      603     7519
26   4403      暨南大学      602     7803
27   4203      武汉理工大学   602     7803
28   4403      暨南大学      601     8120
>>>df.loc[1:4,['招生代码','学校','投档线','位次']]        #用标签指定列
     招生代码      学校        投档线     位次
1    3201      南京大学      646     761
2    1107      北京航空航天大学  639     1253
3    4202      华中科技大学    636     1549
4    3104      同济大学       633     1860
#有了 loc 和 iloc，获取单元格数据很简单
>>>df.iloc[3,4]
636
>>>df.loc[3,'投档线']
636
```

在上面的例子中，没有为每一行数据指定标签，所以只能用整数作为索引值。如果想为每一行数据指定标签，可以使用 set_index() 函数，这样就可以通过字符串标签访问某一行数据。

【例 11-15】指定行标签并获取数据

```
>>>import pandas as pd
>>>df=pd.read_excel("投档线.xlsx")
>>>newdf=df.set_index('招生代码')
>>>newdf
招生代码   学校         专业代码   专业组    投档线    位次
3201    南京大学       3      第3组    649     599
3201    南京大学       2      第2组    646     761
1107    北京航空航天大学  4      第4组    639     1253
```

4202	华中科技大学	16	第16组	636	1549
3104	同济大学	3	第3组	633	1860
3104	同济大学	6	第6组	633	1860
1106	北京邮电大学	4	第4组	629	2332

...

```
>>>newdf.loc[3201,['投档线','位次']]        #注意3201是标签值，而不是索引值
```

招生代码	投档线	位次
3201	649	599
3201	646	761

11.2.4 数据处理方法

pandas的强大之处在于它提供了很多数据处理方法，可以很方便地对数据进行清洗、统计。

1. 简单数据统计

pandas 和 numpy 提供了基本的求最值、累加值、平均值等统计函数，这里不再重复。describe()函数可以一次性获取这些简单统计结果。

【例11-16】简单数据统计

```
>>>import pandas as pd
>>>df=pd.read_excel("投档线.xlsx")
>>>df.iloc[:,4:].describe()
         投档线        位次
count   29.000000    29.000000
mean    621.862069   3793.551724
std     12.639858    2177.808459
min     601.000000   599.000000
25%     615.000000   2596.000000
50%     623.000000   3222.000000
75%     627.000000   4665.000000
max     649.000000   8120.000000
```

describe()函数只对数值型的列进行统计（对招生代码、专业组这种数据进行统计没有什么意义，所以这里用iloc进行筛选）。上述统计结果的意义很明确：非缺失的记录个数（count）、平均值（mean）、标准差（std）、最小值（min）、下四分位数（25%）、中位数（50%）、上四分位数（75%）和最大值（max）。

2. 数据排序

pandas提供了两种排序方法：索引排序（sort_index）和数值排序（sort_values）。前者需要先指定索引列，后者可以对任意列进行排序。下面仍然以"投档线.xlsx"文件作为数据来源，分别演示这两种排序方法。

【例11-17】数据排序

```
>>>import pandas as pd
>>>df=pd.read_excel("投档线.xlsx",index_col='招生代码')        #以"招生代码"列作为索引列
```

```
>>>df.sort_index()                    #索引排序
```

招生代码	学校	专业代码	专业组	投档线	位次
1106	北京邮电大学	4	第4组	629	2332
1107	北京航空航天大学	4	第4组	639	1253
3104	同济大学	3	第3组	633	1860
3104	同济大学	6	第6组	633	1860
3106	华东师范大学	5	第5组	623	3222
3106	华东师范大学	4	第4组	624	3062
3201	南京大学	3	第3组	649	599

...

```
>>>df.sort_index(ascending=False)        #按索引列降序排列
```

招生代码	学校	专业代码	专业组	投档线	位次
6104	西安电子科技大学	3	第3组	608	6162
6101	西安交通大学	8	第8组	621	3543
6101	西安交通大学	6	第6组	624	3062
5104	电子科技大学(沙河校区)	1	第1组	621	3543
5102	电子科技大学	1	第1组	623	3222
4403	暨南大学	16	第16组	601	8120
4403	暨南大学	17	第17组	602	7803

...

```
>>>df.sort_index(axis=1)                    #axis=1表示横轴方向，按照列名排序
```

招生代码	专业代码	专业组	位次	学校	投档线
3201	3	第3组	599	南京大学	649
3201	2	第2组	761	南京大学	646
1107	4	第4组	1253	北京航空航天大学	639
4202	16	第16组	1549	华中科技大学	636
3104	3	第3组	1860	同济大学	633
3104	6	第6组	1860	同济大学	633
1106	4	第4组	2332	北京邮电大学	629

...

```
>>>df.sort_values('学校')                 #按照指定的列排序，默认是升序
```

招生代码	学校	专业代码	专业组	投档线	位次
3202	东南大学	4	第4组	621	3543
4302	中南大学	4	第4组	613	5050
4302	中南大学	8	第8组	619	3877
4401	中山大学	6	第6组	624	3062
4401	中山大学	8	第8组	624	3062
1107	北京航空航天大学	4	第4组	639	1253
1106	北京邮电大学	4	第4组	629	2332

...

```
#可以同时按多个列排序
>>>df.sort_values(['投档线','招生代码'])    #先按投档线排序，投档线相同时按招生代码排序
```

招生代码	学校	专业代码	专业组	投档线	位次

4403	暨南大学	16	第16组	601	8120
4203	武汉理工大学	4	第4组	602	7803
4403	暨南大学	17	第17组	602	7803
4301	湖南大学	4	第4组	603	7519
4301	湖南大学	2	第2组	604	7239
6104	西安电子科技大学	3	第3组	608	6162
4302	中南大学	4	第4组	613	5050
4402	华南理工大学	7	第7组	615	4665
4402	华南理工大学	6	第6组	616	4452

...

上面介绍的排序方法会生成新对象，原对象中的数据不会发生变化，如果需要对原数据进行排序，可以设置参数"inplace=True"。

```
>>>df.sort_values(['投档线','招生代码'], inplace=True)
>>>df
招生代码    学校      专业代码    专业组    投档线    位次
4403    暨南大学      16      第16组    601    8120
4203    武汉理工大学    4      第4组     602    7803
4403    暨南大学      17      第17组    602    7803
4301    湖南大学      4      第4组     603    7519
4301    湖南大学      2      第2组     604    7239
6104    西安电子科技大学  3      第3组     608    6162
...
```

与内置函数 sorted() 一样，排序时还可以用 key 参数指定数据转换函数。

```
>>>df.sort_values('招生代码', key=lambda x:x%10)    #按招生代码的最后一位排序
招生代码  学校    专业代码  专业组   投档线  位次
3201   南京大学    3     第3组    649   599
4301   湖南大学    4     第4组    603   7519
4301   湖南大学    2     第2组    604   7239
4201   武汉大学    7     第7组    627   2596
4201   武汉大学    4     第4组    627   2596
...
```

3．删除重复数据

有时数据集中会存在一些重复数据，如图11-3所示。

	A	B	C	D
1	编码	型号	颜色	价格
2	00101	女士上衣	黑色	209
3	01231	女士裙	白色	258
4	01331	儿童鞋	白色	220
5	02221	男士上衣	黑色	268
6	00101	女士上衣	黑色	209
7	01331	儿童鞋	白色	221
8	02221	男士上衣	黑色	268

图11-3　包含重复数据的数据集

这里要注意，图11-3中第4行和第7行的数据并不重复，因为它们的价格不相同。

pandas提供了 duplicated()和drop_duplicates()函数来删除重复数据，前者用于判断是否存在重复数据，后者用于删除重复数据。

【例11-18】删除重复数据

```
>>>import pandas as pd
>>>df=pd.read_excel('服装.xlsx')        #读取数据
>>>df.duplicated()                      #判断是否存在重复数据
0    False
1    False
2    False
3    False
4     True
5    False
6     True
dtype: bool
>>>df.drop_duplicates()    #删除重复数据，也可以用inplace=True改变自身的值
     编码     型号     颜色     价格
0    00101   女士上衣   黑色     209
1    01231   女士裙    白色     258
2    01331   儿童鞋    白色     220
3    02221   男士上衣   黑色     268
5    01331   儿童鞋    白色     221
```

从这个例子中可以看出，判断两条记录重复的依据是所有字段的值都相同，只要有一个字段的值不相同，则判断为不重复。但是这种判断方式过于死板，例如图11-3中的第4行数据和第7行数据只有价格不同，编码、型号、颜色都相同，应该视为同一条记录（价格可能录入错误）。对于这种情况，drop_duplicates()函数可以指定根据某些列判断是否重复。例如只根据编码进行判断。

```
>>>df.drop_duplicates("编码")
     编码     型号     颜色     价格
0    00101   女士上衣   黑色     209
1    01231   女士裙    白色     258
2    01331   儿童鞋    白色     220
3    02221   男士上衣   黑色     268
```

4. 处理缺失数据

有时数据集中会存在一些缺失数据（用NaN表示），对于缺失的数据，可以删除也可以替换。缺失部分数据的学生成绩如图11-4所示。

	A	B	C	D	E	F	G	H
1	姓名	学号	C	C++	Java	Python	C#	总分
2	刘雨	121701100507	20	20	20	16	20	96
3	刘傲	121701100510	20	10	10	0		40
4	张强	121701100512	20	20	20	18	20	98
5	吴飞	121701100516	20	20	20	20		80
6	孙新	121701100521	20	20	20	14	20	94
7	杨霖	121701100527	20	20	20		20	80
8	孙伟	121701100623	20	20	20	14	20	94
9	张皓	121701100624	10	20	10	14	20	74
10	马志	121701100627		20	10	14	10	54
11	刘婷	121701100631	20	20	20	10	20	90

图11-4　缺失部分数据的学生成绩

这些缺失的成绩会影响最终的统计结果，因此需要将这部分记录删除。

【例11-19】删除缺失记录

```
>>>import pandas as pd
>>>df=pd.read_excel('成绩.xlsx')
>>>df.head(6)                        #所有缺失的数据都填充为NaN
```

	姓名	学号	C	C++	Java	Python	C#	总分
0	刘雨	121701100507	20	20	20	16	20	96
1	刘傲	121701100510	20	10	10	0	NaN	40
2	张强	121701100512	20	20	20	18	20	98
3	吴飞	121701100516	20	NaN	20	20	20	80
4	孙新	121701100521	20	20	20	14	20	94
5	杨霖	121701100527	20	20	20	NaN	20	80

```
>>>df.isnull()                       #判断数据是否缺失
```

	姓名	学号	C	C++	Java	Python	C#	总分
0	False	False	False	False	False	False	False	False
1	False	False	False	False	False	False	True	False
2	False	False	False	False	False	False	False	False
3	False	False	False	True	False	False	False	False
4	False	False	False	False	False	False	False	False

...

```
>>>df.dropna()                       #删除缺失的数据
```

	姓名	学号	C	C++	Java	Python	C#	总分
0	刘雨	121701100507	20	20	20	16	20	96
2	张强	121701100512	20	20	20	18	20	98
4	孙新	121701100521	20	20	20	14	20	94
6	孙伟	121701100623	20	20	20	14	20	94
7	张皓	121701100624	10	20	10	14	20	74

...

```
>>>df.drop('总分',axis=1)             #删除"总分"这一列
```

	姓名	学号	C	C++	Java	Python	C#
0	刘雨	121701100507	20	20	20	16	20
1	刘傲	121701100510	20	10	10	0	NaN
2	张强	121701100512	20	20	20	18	20
3	吴飞	121701100516	20	NaN	20	20	20
4	孙新	121701100521	20	20	20	14	20

...

除了删除，也可以利用填充法处理缺失数据。pandas提供了多种填充方法，其中比较简单的有前向填充（取同列的前一个值）和后向填充（取同列的后一个值）。

【例11-20】填充缺失数据

```
>>>df.fillna(method='ffill').head(10)          #前向填充
```

	姓名	学号	C	C++	Java	Python	C#	总分
0	刘雨	121701100507	20	20	20	16	20	96

1	刘傲	121701100510	20	10	10	0	20	60
2	张强	121701100512	20	20	20	18	20	98
3	吴飞	121701100516	20	20	20	20	20	100
4	孙新	121701100521	20	20	20	14	20	94
5	杨霖	121701100527	20	20	20	14	20	94
6	孙伟	121701100623	20	20	20	14	20	94
7	张皓	121701100624	10	20	10	14	20	74
8	马志	121701100627	10	20	10	14	10	64
9	刘婷	121701100631	20	20	20	10	20	90

```
>>>df.fillna(method='bfill').head(10)          #后向填充
```

	姓名	学号	C	C++	Java	Python	C#	总分
0	刘雨	121701100507	20	20	20	16	20	96
1	刘傲	121701100510	20	10	10	0	20	60
2	张强	121701100512	20	20	20	18	20	98
3	吴飞	121701100516	20	20	20	20	20	100
4	孙新	121701100521	20	20	20	14	20	94
5	杨霖	121701100527	20	20	20	14	20	94
6	孙伟	121701100623	20	20	20	14	20	94
7	张皓	121701100624	10	20	10	14	20	74
8	马志	121701100627	20	20	10	14	10	74
9	刘婷	121701100631	20	20	20	10	20	90

pandas还提供了常量填充、统计值填充、插值填充等方法，读者可以自行查阅相关资料。

11.2.5　分组聚合

分组聚合是一种常见的数据操作，即根据某些分组变量，对数值型变量进行分组统计。服装数据如图11-5所示。

	A	B	C	D
1	型号	编码	颜色	价格
2	女士上衣	00101	黑色	209
3	女士裤	01231	白色	258
4	女士裙	05874	红色	366
5	儿童鞋	01331	白色	220
6	儿童上衣	02568	绿色	298
7	男士上衣	02221	黑色	268
8	儿童上衣	02578	白色	228
9	女士上衣	12587	黑色	255
10	男士裤	25687	黑色	369
11	儿童鞋	01331	白色	221

图 11-5　服装数据（部分）

在图 11-5 中，相同样型号的服装有多条数据，需要根据型号进行分组统计。

【例11-21】分组统计

```
>>>df=pd.read_excel("服装明细.xlsx", converters={1:str})
>>>grouped=df.groupby(by='型号')          #根据型号进行分组
>>>type(grouped)                          #得到一个分组迭代器
<class 'pandas.core.groupby.generic.DataFrameGroupBy'>
>>>for line in grouped:
```

```
        print(*line)
#将型号相同的服装归纳到同一组中
儿童上衣    型号    编码    颜色    价格
4      儿童上衣    02568    绿色    298
6      儿童上衣    02578    白色    228
儿童鞋      型号    编码    颜色    价格
3      儿童鞋      01331    白色    220
9      儿童鞋      01331    白色    221
女士上衣    型号    编码    颜色    价格
0      女士上衣    00101    黑色    209
7      女士上衣    12587    黑色    255
女士裙      型号    编码    颜色    价格
2      女士裙      05874    红色    366
10     女士裙      25471    绿色    358
女士裤      型号    编码    颜色    价格
1      女士裤      01231    白色    258
男士上衣    型号    编码    颜色    价格
5      男士上衣    02221    黑色    268
11     男士上衣    02221    黑色    268
男士裤      型号    编码    颜色    价格
8      男士裤      25687    黑色    369
>>>result=grouped.aggregate({'价格':sum})        #统计每一组的价格总和
>>>print(result)
价格    型号
儿童上衣    526
儿童鞋      441
女士上衣    464
女士裙      724
女士裤      258
男士上衣    536
男士裤      369
>>>result=grouped.aggregate({'价格':np.mean})     #统计每一组的平均价格
>>>print(result)
价格    型号
儿童上衣    263.0
儿童鞋      220.5
女士上衣    232.0
女士裙      362.0
女士裤      258.0
男士上衣    268.0
男士裤      369.0
```

　　aggregate()函数可以指定需要统计的列，统计函数可以是 Python 的内置函数，也可以是第三方库中的函数，也可以是用户自定义函数。

11.2.6 表的合并与连接

在数据处理时可能涉及多张表，例如将表结构相同的多张表纵向合并到一张表中，或将多张表的字段水平扩展到一张表中。前者称为表的合并，后者称为表的连接。

1. 纵向合并

假定有两张表记录了学生的成绩，需要把它们合并到一张表中，如图 11-6 所示。

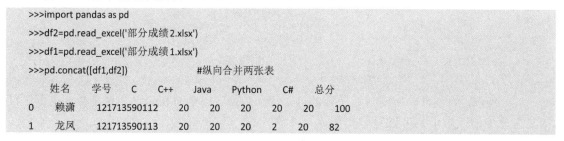

图 11-6　表的纵向合并

表的纵向合并需要用 concat() 函数，它的格式如下。

```
pandas.concat(objs,axis=0,join='outer',ignore_index=False,keys=None,levels=None,names=None,verify_integrity=False)
```

参数含义如下。

- objs：对象的序列或映射。
- axis：默认为 0，也就是纵向进行合并。如果为 1，则横向进行合并。
- join：默认为"outer"，表示合并所有数据，inner 表示合并公共部分的数据。
- ignore_index：表示是否忽略原数据集的索引，默认为 False，如果为 True 表示忽略原索引并生成新索引。
- keys：为合并后的数据添加新索引，用于区分各个数据部分。
- levels：序列列表。
- names：重新指定生成数据的列名称。
- verify_integrity：检查新连接的轴是否包含重复项。

【例 11-22】表的纵向合并

```
>>>import pandas as pd
>>>df2=pd.read_excel('部分成绩2.xlsx')
>>>df1=pd.read_excel('部分成绩1.xlsx')
>>>pd.concat([df1,df2])          #纵向合并两张表
     姓名    学号         C    C++    Java    Python    C#    总分
0    赖潇    121713590112    20    20     20      20       20    100
1    龙凤    121713590113    20    20     20      2        20    82
```

	姓名	学号						
2	周梦	121713590114	20	20	20	18	20	98
...								
8	杨晶	121713590123	20	20	20	0	20	80
9	陈慧	121713590317	20	0	0	0	20	40
0	陈慧	121713590317	20	0	0	0	20	40
1	王颖	121713590318	20	20	20	2	20	82
...								
8	克达	121713590329	0	0	10	6		16
9	丁玉	121713590330	20	0	0	0	20	40
10	关爽	121713590331	20	10	20	4	20	74

有时候，需要合并的表所拥有的列并不完全相同，例如有一张表缺少"总分"这一列，那么合并时是否保留"总分"这一列就要由 join 参数决定。

```
>>>df3=pd.read_excel('部分成绩3.xlsx')        #这个表没有"总分"这一列
>>>df3
```

	姓名	学号	C	C++	Java	Python	C#
0	赖潇	121713590112	20	20	20	20	20
1	龙凤	121713590113	20	20	20	2	20
2	周梦	121713590114	20	20	20	18	20
3	黄梦	121713590115	20	20	20	0	20
...							

```
>>>pd.concat([df1,df3],join="outer")          #保留"总分"列
```

	姓名	学号	C	C++	Java	Python	C#	总分	
0	赖潇	121713590112	20	20	20	20	20	100	
1	龙凤	121713590113	20	20	20	2	20	82	
2	周梦	121713590114	20	20	20	18	20	98	
...									
0	赖潇	121713590112	20	20	20	20	20	NaN	#缺失的数据会填充NaN
1	龙凤	121713590113	20	20	20	2	20	NaN	
2	周梦	121713590114	20	20	20	18	20	NaN	
3	黄梦	121713590115	20	20	20	0	20	NaN	
...									

```
>>>pd.concat([df1,df3],join="inner")          #只保留公共列
```

	姓名	学号	C	C++	Java	Python	C#
0	赖潇	121713590112	20	20	20	20	20
1	龙凤	121713590113	20	20	20	2	20
2	周梦	121713590114	20	20	20	18	20
3	黄梦	121713590115	20	20	20	0	20
...							
6	向欣	121713590120	20	0	0	12	20
7	郑宇	121713590122	0	0	0	14	0
8	杨晶	121713590123	20	20	20	0	20
9	陈慧	121713590317	20	0	0	0	20

由上面的示例可以看出，join 参数的作用与 SQL 语句的 join 连接方式基本一样。

2. 表的扩展连接

表的扩展连接也称为横向连接。例如一张表记录了学生的平时成绩，另一张表记录了学生的期末考试成绩，需要把它们合并到一张表中，然后再计算期评成绩，如图11-7所示。

	A	B	C		A	B	C
1	姓名	学号	平时成绩	1	姓名	学号	考试成绩
2	赖潇	121713590112	100	2	赖潇	121713590112	98
3	龙凤	121713590113	95	3	龙凤	121713590113	92
4	周梦	121713590114	100	4	周梦	121713590114	86
5	黄梦	121713590115	85	5	黄梦	121713590115	90
6	孙冉	121713590118	90	6	孙冉	121713590118	77
7	王蕾	121713590119	88	7	王蕾	121713590119	88
8	向欣	121713590120	92	8	向欣	121713590120	91
9	郑宇	121713590122	75	9	郑宇	121713590122	85
10	杨晶	121713590123	92	10	杨晶	121713590123	69
11	陈慧	121713590317	95	11	陈慧	121713590317	74
12	丁玉	121713590330	81	12	翟云	121713590322	84
13	关爽	121713590331	79	13	马怡	121713590324	86

图 11-7　表的扩展连接

连接两张表时，有两个关键点，一是依靠哪个字段连接，只有该字段相同的数据才会连接。例如图11-7可以依靠"姓名"也可以依靠"学号"字段连接（因为它们都具有唯一性），这种字段称为共同字段；二是连接方式，一共有四种连接方式，分别是外连接、内连接、左连接和右连接，它们的含义如下。

- 外连接：结果集包含两个数据集中的所有数据。
- 内连接：结果集只包含共同字段相等的数据。
- 左连接：结果集包含第一个数据集的所有数据和第二个数据集中共同字段相等的数据。
- 右连接：结果集包含第二个数据集的所有数据和第一个数据集中共同字段相等的数据。

pandas中的连接函数是merge()，它的格式如下。

```
pandas.merge(left,right,how='inner',on=None,left_on=None,right_on=None,left_index=False,right_index=False,sort=False,
suffixes=('_x','_y'),copy=True,indicator=False,validate=None)
```

参数说明如下。

- left：要合并的第一个DataFrame对象，称为主表。
- right：要合并的第二个DataFrame对象，称为辅表。
- how：合并方式，可以是 inner、outer、left、right，默认是 inner。
- on：用于合并的共同字段名。如果指定了该参数，则主表和辅表必须包含该列。
- left_on：主表中需要连接的共同字段。
- right_on：辅表中需要连接的共同字段。
- left_index：如果为 True，则使用主表中的索引字段作为共同字段，默认是False。
- right_index：如果为 True，则使用辅表中的索引作为共同字段，默认是False。
- sort：指定是否对结果进行排序。如果为 True，则按照共同字段对结果进行排序。
- suffixes：用于重叠列名的后缀。如果两张表有相同名称的列，则会在列名后面添加指定的后缀以区分它们。
- copy：指定是否复制数据。如果为False，则避免复制数据以提高性能。

- indicator：指定是否添加一个名为_merge 的列，用于指示每一行的来源。如果为 True，则添加该列。
- validate：验证连接键是否唯一。可以是 one_to_one、one_to_many 或 many_to_one。

【例11-23】表的扩展连接

```
>>>import pandas as pd
>>>df1=pd.read_excel('平时成绩.xlsx')
>>>df1
     姓名      学号        平时成绩
0    赖潇     121713590112     100
1    龙凤     121713590113     95
...
9    陈慧     121713590317     95
10   丁玉     121713590330     81
11   关爽     121713590331     79
>>>df2=pd.read_excel('考试成绩.xlsx')
>>>df2
     姓名      学号        考试成绩
0    赖潇     121713590112     98
1    龙凤     121713590113     92
...
9    陈慧     121713590317     74
10   翟云     121713590322     84
11   马怡     121713590324     86

>>>pd.merge(df1,df2,on='学号')          #指定"学号"字段作为连接字段，默认为内连接方式
     姓名_x     学号      平时成绩     姓名_y     考试成绩
0    赖潇     121713590112     100     赖潇     98
1    龙凤     121713590113     95      龙凤     92
...
8    杨晶     121713590123     92      杨晶     69
9    陈慧     121713590317     95      陈慧     74     #只有10条记录

>>>pd.merge(df1,df2,how='outer',on='学号')                #指定外连接方式
     姓名_x     学号      平时成绩 姓名_y     考试成绩
0    赖潇     121713590112     100     赖潇     98
1    龙凤     121713590113     95      龙凤     92
....
9    陈慧     121713590317     95      陈慧     74
10   丁玉     121713590330     81      NaN     NaN
11   关爽     121713590331     79      NaN     NaN
12   NaN     121713590322     NaN     翟云     84
13   NaN     121713590324     NaN     马怡     86     #共有14条记录
```

```
>>>pd.merge(df1,df2,how='left',on='学号')                    #左连接
      姓名_x    学号        平时成绩  姓名_y   考试成绩
0     赖潇      121713590112    100    赖潇     98
1     龙凤      121713590113    95     龙凤     92
....
10    丁玉      121713590330    81     NaN    NaN
11    关爽      121713590331    79     NaN    NaN        #共有12条记录

>>>pd.merge(df1,df2,how='right',on='学号')                   #右连接
      姓名_x    学号        平时成绩  姓名_y   考试成绩
0     赖潇      121713590112    100    赖潇     98
1     龙凤      121713590113    95     龙凤     92
....
10    NaN     121713590322    NaN    翟云     84
11    NaN     121713590324    NaN    马怡     86        #共有12条记录

>>>pd.merge(df1,df2,how='outer',on=['学号','姓名'])          #指定两个字段同时作为共同字段
      姓名      学号        平时成绩      考试成绩
0     赖潇      121713590112    100       98
1     龙凤      121713590113    95        92
...
10    丁玉      121713590330    81        NaN
11    关爽      121713590331    79        NaN
12    翟云      121713590322    NaN       84
13    马怡      121713590324    NaN       86
```

要说明的是，上面所有示例只展示了 DataFrame 中的数据，并在内存中进行处理，如果需要保存到文件中，可以调用 to_excel() 方法。

11.3 数据可视化

人们常说"一图胜万言"。数据如果以图形的形式展示出来，具有更高的直观性和可读性，因此人们经常将各类统计数据以图形的形式展示出来，称为"数据可视化"。

常见的统计图形有饼图、条形图、直方图、折线图、散点图等，可以使用 pandas 或 matplotlib 库绘制。相对来说，matplotlib 的绘图能力更强，因此本节主要介绍利用 matplotlib 画图的方法。

11.3.1 饼图

饼图是传统的统计图形之一，它将一个圆分割成不同大小的扇形，每个扇形代表不同的类别，通常根据扇形的面积大小判断类别的差异。

使用 matplotlib 绘制饼图，首先需要导入该库的子库 pyplot，然后调用库中的 pie() 函数。该函数的格式如下。

```
pie(x,explode=None,labels=None,colors=None,autopct=None,pctdistance=0.6,shadow=False,labeldistance=1.1,startangle=None,radi
us=None,counterclock=True,wedgeprops=None,textprops=None,center=(0,0),frame=False)
```

参数含义如下。

- x：指定绘图的数据。
- explode：指定饼图某些部分的突出显示。
- labels：为饼图添加标签，类似于图例。
- colors：指定饼图的填充色。
- autopct：自动添加百分比显示，可以采用格式化的方法。
- pctdistance：设置百分比标签与圆心的距离。
- shadow：设置是否添加饼图的阴影效果。
- labeldistance：设置各扇形标签与圆心的距离。
- startangle：设置饼图的初始摆放角度。
- radius：设置饼图的半径。
- counterclock：设置是否让饼图按逆时针方向呈现。
- wedgeprops：设置饼图内外边界的属性，例如边界线的粗细、颜色等。
- textprops：设置饼图中文本的属性，例如字体大小、颜色等。
- center：指定饼图的中心位置，默认为原点。
- frame：设置是否显示饼图背后的图框，如果设置为True，需要同时控制横轴、纵轴的
范围和饼图的中心位置。

编程时，如果对图形外观要求不高，大多数参数可以使用默认值，设置关键的几个参数
即可。

【例11-24】绘制饼图

假设某公司有100名员工，高中学历有15人，大专学历有30人，本科学历有45人，研究
生学历有10人，绘制学历分布饼图。

```
import matplotlib.pyplot as plt
labels=['high-school', 'junior college', 'bachelor', 'Master']
sizes=[15, 30, 45, 10]
plt.pie(sizes,labels=labels)                    #调用画图函数
plt.show()                                      #显示饼图
```

绘制的饼图如图11-8所示。

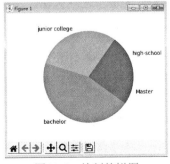

图11-8　绘制的饼图

从图 11-8 中可以看出，除饼图本身之外，显示饼图的窗口中还有一些其他功能按钮，可以调整图片的属性，包括位置、大小等，还可以将图片保存成 JPG 或 PNG 格式的文件。

例 11-25 对这一程序进行了改进。

【例 11-25】中文饼图

```python
import matplotlib.pyplot as plt
labels=['高中', '大专', '本科', '研究生']        #标签是中文
sizes=[15, 30, 45, 10]
explore=[0,0,0,0.1]                          #指定要突出显示的扇形
plt.rcParams['font.family']='Microsoft YaHei'  #指定文字的字体为微软雅黑
plt.pie(sizes,   labels=labels, explode=explore)
plt.title('公司学历构成')                      #添加图标题
plt.show()
```

中文饼图如图 11-9 所示。

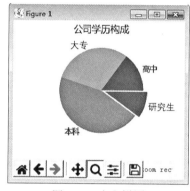

图 11-9　中文饼图

11.3.2　条形图

饼图适用于离散变量不多的情况。人的眼睛对扇形面积不太敏感，如果饼图中的扇形太多，面积差距就不明显，很难一目了然地看出各个变量的大小。在这种情况下，可以使用条形图。以垂直条形图为例，离散型变量的差异就是柱形的高度差异，柱形越高，数值越大。

用 matplotlib 绘制条形图，需要调用 bar() 函数，它的格式如下。

```
bar(left,height,width=0.8,bottom=None,color=None,edgecolor=None,linewidth=None,tick_label=None,xerr=None,yerr=None,label=None,ecolor=None,align,log=False,**kwargs)
```

参数含义如下。

- left：指定条形图的横轴标签。
- height：指定条形图的纵轴高度。
- width：指定条形图的宽度，默认为 0.8。
- bottom：用于绘制堆叠条形图。
- color：指定条形图的填充色。
- edgecolor：指定条形图的边框色。

- linewidth：指定条形图边框的宽度，如果为0则不绘制边框。
- tick_label：指定条形图的刻度标签。
- xerr：如果参数不为None，则在条形图的基础上添加误差棒。
- yerr：参数含义同xerr。
- label：指定条形图的标签，用以添加图例。
- ecolor：指定误差棒的颜色。
- align：指定横轴刻度标签的对齐方式，默认为center，表示刻度标签居中对齐，如果设置为edge则表示在每个条形的左下角呈现刻度标签。
- log：bool类型参数，指定是否对坐标轴进行对数变换，默认为False。
- **kwargs：关键字参数，用于对条形图进行其他设置，例如透明度等。

【例11-26】绘制条形图

```
import matplotlib.pyplot as plt
labels=['初中','高中', '大专', '本科', '硕士','博士']
sizes=[5, 10, 25, 40, 15, 5]
plt.rcParams['font.family']='Microsoft YaHei'          #设置中文字体
plt.ylabel('人数')                                       #设置纵轴标签
plt.bar(labels, sizes)
plt.title('公司学历构成')
plt.show()
```

条形图如图11-10所示。

在这个例子中，数据是直接写在代码里的。但更多情况下，数据来自Excel文件，这就需要用pandas读取数据，再传递给matplotlib绘图。假定学历数据来自Excel文件，如图11-11所示。

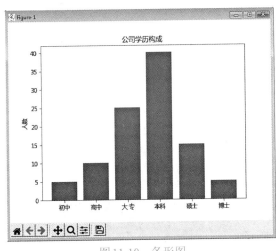

图11-10　条形图

	A	B
1	学历层次	人数
2	初中	5
3	高中	10
4	大专	25
5	本科	40
6	硕士	15
7	博士	5

图11-11　学历数据

```
import matplotlib.pyplot as plt
import pandas as pd
df=pd.read_excel('公司学历情况.xlsx')
labels=df['学历层次']                          #['初中','高中', '大专', '本科', '硕士','博士']
```

```
sizes=df['人数']                                    #[5, 10, 25, 40, 15, 5]
plt.rcParams['font.family']='Microsoft YaHei'
plt.ylabel('人数')
plt.bar(labels, height=sizes)
plt.title('公司学历构成')
plt.show()
```

程序运行结果与图 11-10 完全一样。

11.3.3　直方图

直方图用矩形的面积表示连续型随机变量的次数分布情况。纵轴表示数据的频数；横轴表示数据的等距分组点，即各分组区间的上下限，有时用组中值表示。

从形态上看，直方图与条形图很像，但它们有着本质区别。

- 描述的数据类型不同。条形图用来描述离散型数据或计数数据，而直方图主要用来描述分组的连续型数据。
- 表示数据多少的方式不同。条形图用条形的高低表示数据大小，而直方图用面积大小表示数据大小。
- 坐标轴的意义不同。条形图的横轴是分类轴，而直方图的横轴表示的是分组区间。
- 图形的直观形状不同。条形图的条形之间有间隔，条形与条形之间的间隔大小不表示任何意义。直方图的条形之间紧密相连，没有间隙，如果某一数据区间的数据极小或没有，会出现断点。

hist()函数就是用来绘制直方图的，它的格式如下。

```
hist(x, bins=10, range=None, normed=False, weights=None, cumulative=False, bottom=None,histtype='bar', align='mid',
orientation='vertical', rwidth=None, log=False, color=None,label=None, stacked=False)
```

参数含义如下。

- x：指定要绘制直方图的数据。
- bins：指定直方图的条形个数。
- range：指定直方图数据的上下限，默认包含绘图数据的最大值和最小值。
- normed：设置是否将直方图的频数转换为频率。
- weights：为每个数据点设置权重。
- cumulative：设置条形是否需要计算累计频数或频率。
- bottom：为直方图的每个条形添加基准线，默认为0。
- histtype：指定直方图的类型，默认为 bar，还有 barstacked、step 和 stepfilled。
- align：设置条形边界值的对齐方式，默认为 mid，还有 left 和 right。
- orientation：设置直方图的摆放方向，默认为垂直方向。
- rwidth：设置直方图条形的宽度。
- log：设置是否需要对数据进行对数变换。
- color：设置直方图的填充色。
- label：设置直方图的标签。
- stacked：当有多个数据时，设置是否需要将直方图堆叠摆放，默认为水平摆放。

【例11-27】绘制直方图

假定学生成绩保存在Excel文件中，该文件只有两列，分别是姓名和成绩，统计每一个分数段的人数（每 10 分为一个分数段）。

```
import matplotlib.pyplot as plt
import pandas as pd
df=pd.read_excel('学生成绩.xlsx')
#下面的参数指定画10个条形，指定数据范围为0～100
plt.hist(x=df['成绩'],bins=10,range=(0,100))
plt.ylabel('人数')
plt.rcParams['font.sans-serif']=['SimHei']        #设置中文字体
plt.title('成绩分布')
plt.show()
```

绘制的直方图如图11-12所示。

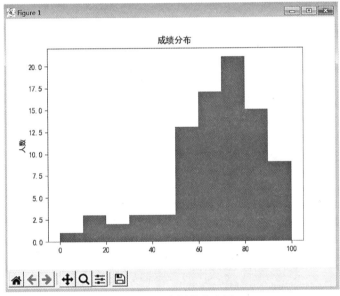

图11-12　绘制的直方图

由这个示例可以看出，hist()函数具有分段统计功能，需要指定统计值的上下限（这点非常重要，因为数据中的分数未必是0～100，如果不指定上下限则分数段很有可能是错误的）和分段数量。如果使用条形图，则需要自行统计，代码更烦琐。

```
import matplotlib.pyplot as plt
import pandas as pd
import numpy as np
df=pd.read_excel('学生成绩.xlsx')
cnt=np.array([0]*10)              #计数器
for score in df['成绩']:          #自行统计各分数段的人数
    idx=score//10
    if idx<10:
        cnt[idx] += 1
```

```
        else:
        cnt[9] += 1
labels=[x for x in range(0,10)]
plt.bar(labels,height=cnt)                #绘制条形图
plt.ylabel('人数')
plt.rcParams['font.sans-serif']=['SimHei']
plt.title('成绩分布')
plt.show()
```

条形图如图11-13所示。

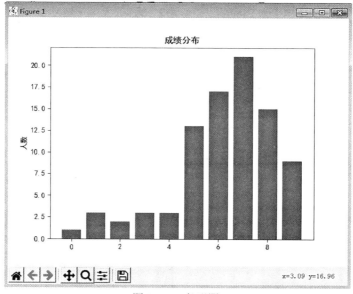

图11-13　条形图

11.3.4　折线图

对于时间序列数据而言，一般会使用折线图反映数据背后的趋势。通常折线图的横坐标代表日期，纵坐标代表某个数值型变量。

绘制折线图可以通过 plot()函数实现。该函数的格式如下。

```
plot(x,y,linestyle,linewidth,color,marker,markersize,markeredgecolor,markerfactcolor,markeredgewidth,label,alpha)
```

参数含义如下。

- x：指定折线图的横轴数据。
- y：指定折线图的纵轴数据。
- linestyle：指定折线的类型，可以是实线、虚线、点虚线、点点线等，默认为实线。
- linewidth：指定折线的宽度。
- marker：为折线图添加点，该参数可以设置点的形状。
- markersize：设置点的大小。
- markeredgecolor：设置点的边框色。
- markerfactcolor：设置点的填充色。

- markeredgewidth：设置点的边框宽度。
- label：为折线图添加标签，类似于图例。

以上参数中最重要的是x和y，其他参数均可以使用默认值。下面以中国历年GDP数据为例绘制折线图，数据如图11-14所示。

	A	B
1	年份	GDP
2	2008	4.58
3	2009	5.09
4	2010	6.03
5	2011	7.49
6	2012	8.54
7	2013	9.62
8	2014	10.52

图11-14 中国历年GDP数据（部分）

【例11-28】绘制折线图

```
import matplotlib.pyplot as plt
import pandas as pd
df=pd.read_excel('中国历年GDP.xlsx')      #读取数据
#横轴是年份，纵轴是历年GDP，折线颜色是红色，每个数值点用"+"画出
plt.plot(df['年份'],df['GDP'],color='red',marker='+')
plt.ylabel('单位：万亿美元')
plt.rcParams['font.sans-serif']=['SimHei']
plt.title('中国历年GDP')
plt.show()
```

中国历年GDP折线图如图11-15所示。

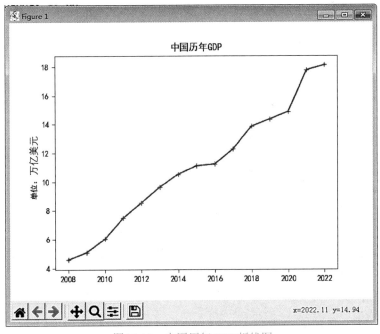

图11-15 中国历年GDP折线图

实际上，plot()函数的功能非常强大，可以与其他统计函数组合绘图，也可以自行组合绘图（即在同一幅图中绘制多条折线），也可以绘制任何函数图像。关于这一点，后面会专门介绍。

11.3.5 散点图

如果需要研究两个数值型变量之间是否存在某种关系，例如正向线性关系或趋势性的非线性关系，那么散点图是最佳选择。

scatter()函数可以方便地绘制散点图，它的格式如下。

```
scatter(x,y,s=20,c=None,marker='o',cmap=None,norm=None,vmin=None,vmax=None,alpha=None,linewidths=None,edgecolors=None)
```

参数含义如下。

- x：指定散点图的横轴数据。
- y：指定散点图的纵轴数据。
- s：指定点的大小，默认为20。
- c：指定点的颜色，默认为蓝色。
- marker：指定点的形状，默认为空心圆。
- cmap：指定颜色映射，当c参数是浮点型数组时有效。
- norm：设置数据亮度，为0～1，当c参数是浮点型数组时有效。
- vmin、vmax：设置亮度，与norm类似，如果使用norm参数则该参数无效。
- alpha：设置点的透明度。
- linewidths：设置点的边界线宽度。
- edgecolors：设置点的边界线颜色。

【例11-29】绘制散点图

我们利用散点图来研究二手房的房屋总价与面积之间的关系。我们知道，房屋总价大致等于面积与单价的乘积。但对于二手房而言，总价和面积并不是简单的倍数关系，它和房屋年限、位置的关系也非常密切。我们利用某市二手房的成交价绘制散点图，看看房价和面积的关系。

```
import matplotlib.pyplot as plt
price=[220,120,150,110,180,260,340,175,210,190,260,158,252,196]
area=[110,90,110,80,120,124,240,118,125,148,170,102,139,119]
plt.scatter(area,price)
plt.ylabel('单位：万元')
plt.xlabel('单位：平方米')
plt.rcParams['font.sans-serif']=['SimHei']
plt.title('房价-面积 散点图')
plt.show()
```

房价-面积散点图如图11-16所示。

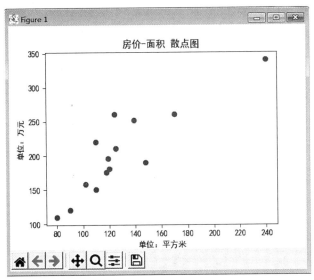

图 11-16　房价-面积散点图

11.3.6　雷达图

雷达图使用一致的比例尺显示三个或更多维度的多元数据，是比较流行的用于描述某个对象的各种属性的可视化图表。例如乒乓球运动员马龙被称为"六边形战士"，就是用雷达图来展示的，人们借此说明他兼备力量、速度、技巧、发球、防守、经验等优势。

到目前为止，matplotlib 不提供可以直接绘制雷达图的函数，因此需要用户自己编写代码来实现。这里要提醒一下：绘制雷达图用的是极坐标，需要用到 subplot()函数。

【例 11-30】绘制雷达图

```python
import matplotlib.pyplot as plt
import pandas as pd
from math import pi


#设定数据
df=pd.DataFrame({
    'group': ['A', 'B', 'C', 'D'],
    'speed': [38, 15, 30, 4],
    'agility': [29, 10, 9, 34],
    'power': [28, 39, 23, 24],
    'experience': [27, 31, 33, 14],
    'sober': [28, 15, 32, 14]
})


#变量类别
categories=list(df)[1:]
#变量类别个数
N=len(categories)
```

```
#绘制数据的第一行
values=df.loc[0].drop('group').values.flatten().tolist()
#将第一个值放到最后，以封闭图形
values += values[:1]
print(values)


#设置每个点的角度
angles=[n / float(N) * 2 * pi for n in range(N)]
angles += angles[:1]

#初始化极坐标网格
ax=plt.subplot(111, polar=True)

#设置横轴的标签
plt.xticks(angles[:-1], categories, color='grey', size=8)
#设置标签显示位置
ax.set_rlabel_position(0)
#设置纵轴的标签
plt.yticks([10, 20, 30], ["10", "20", "30"], color="grey", size=7)
plt.ylim(0, 40)

#绘制图形
ax.plot(angles, values, linewidth=1, linestyle='solid')
#填充区域
ax.fill(angles, values, 'b', alpha=0.1);
plt.show();
```

雷达图如图11-17所示。

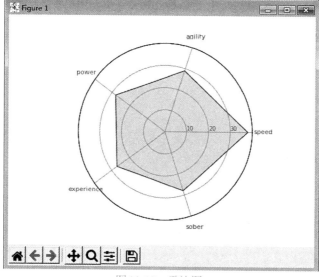

图11-17　雷达图

为了简单起见，这里只绘制了 A 列的值，如果需要绘制其他几列的值，需要修改给 value 赋值的那一行代码，请读者自行练习。

11.3.7　绘制函数图像

任何可以用表达式 $y=f(x)$ 描述的函数，都能很轻松地由 matplotlib 绘制出来，它的核心就是 plot() 函数。

用 plot() 函数绘制图像时，基本思路是给定一系列 x，然后利用函数表达式 $f(x)$ 求出每个 x 对应的 y，然后将序列 x 和 y 传递给 plot() 函数，就可以绘制出基本的函数图像。这种方法其实就是描点法。需要注意的是，x 的步长太大会导致函数图像失真，步长太小又会大大增加运算量，因此需要根据实际情况确定步长。

plot() 函数还提供了其他辅助参数，用于更灵活地控制图像。灵活使用标签、字体、颜色、透明度等功能可以绘制出复杂而美观的函数图像。

【例 11-31】绘制函数 $y=2x+3$ 的图像

```
import numpy as np
import matplotlib.pyplot as plt
x=np.array([x for x in range(-100, 100, 1)])    #产生[-100,100]中的200个点
a,b=2,3                                          #设置a和b的值
y1=a*x+b                                          #利用函数表达式计算对应的y
plt.plot(x,y1)                                    #画图
plt.title('line: y=2x+3')
plt.xlabel('x')
plt.ylabel('y')
plt.show()
```

函数 $y=2x+3$ 的图像如图 11-18 所示。

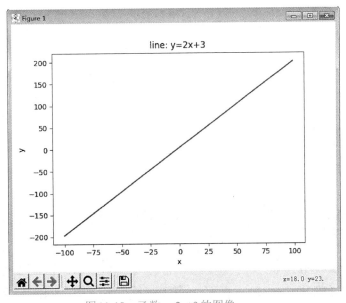

图 11-18　函数 $y=2x+3$ 的图像

【例11-32】绘制一个周期的正弦函数图像

x的取值范围是$[0,2\pi]$，步长取0.01。range()函数只能产生整数，所以需要对取得的x进行变换，将其转化为浮点数。

```python
import numpy as np
import matplotlib.pyplot as plt
x=np.array([x/100 for x in range(0, 628, 1)])    #每隔0.01取一个值
y1=np.sin(x)                                      #正弦函数
plt.plot(x,y1)
plt.title('y=sin(x)')
plt.xlabel('x')
plt.ylabel('y')
plt.show()
```

一个周期的正弦函数图像如图11-19所示。

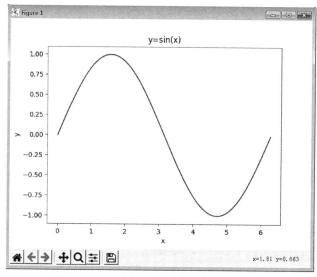

图11-19　一个周期的正弦函数图像

注意产生x的这行代码：x=np.array([x/100 for x in range(0,628,1)])。这并不是一种很好的解决方案，因为内置函数 range()只能产生整数，还需要将整数除以某个数来转换为浮点数。要产生一系列浮点数，可以直接使用 numpy.range()函数或 numpy.linspace()函数。

【例11-33】同时绘制正弦函数图像和余弦函数图像

```python
import numpy as np
import matplotlib.pyplot as plt

t=np.arange(0.0, 2.0*np.pi, 0.01)       #产生0～2π的数，步长为0.01
s=np.sin(t)
z=np.cos(t)
plt.plot(t,s,label='sin',color='red')   #先绘制正弦函数图像
plt.plot(t,z,label='cos',color='blue')  #再绘制余弦函数图像
plt.show()
```

正弦函数图像和余弦函数图像如图11-20所示。

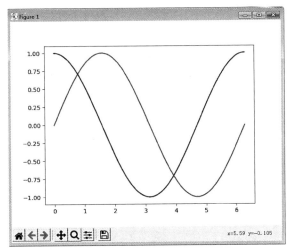

图11-20 正弦函数图像和余弦函数图像

【例11-34】绘制阻尼衰减曲线

绘图时，除了numpy提供的函数，也可以使用各种函数表达式的组合。常见的阻尼衰减曲线的表达式为 $y = \cos 2\pi x \cdot e^{-x} + 0.8$，可以用下面的程序绘制阻尼衰减曲线。

```
import numpy as np
import matplotlib.pyplot as plt

x=np.linspace(0,6,100)                          #产生[0,6]之间的点，共100个
y=np.cos(2*np.pi*x)*np.exp(-x)+0.8              #阻尼衰减曲线的表达式
plt.plot(x,y,color='r',linewidth=3,linestyle='-')
plt.show()
```

阻尼衰减曲线如图11-21所示。

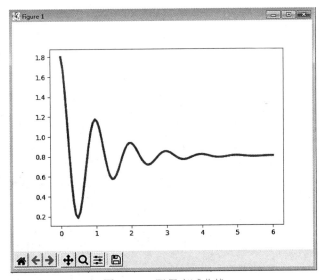

图11-21 阻尼衰减曲线

【例11-35】绘制组合图像

```python
#本程序演示了如何在一幅图中绘制几条曲线，并且加上中文标题、坐标轴等
import numpy as np
import matplotlib as mpl
import matplotlib.pyplot as plt
import matplotlib.font_manager as fm


def Draw(pcolor='red'):
    global x, y, z
    plt.plot(x,y,label='$exp_decay$',color=pcolor, linewidth=3,linestyle='-')
    plt.plot(x,z,label='$cos(x^2)$',color='blue',linewidth=1)
    plt.xlabel('时间(s)')
    plt.ylabel('幅度(mV)')
    plt.title('阻尼衰减曲线绘制')
    plt.legend()                              #在绘图区域中放置标签
    plt.show()


def Shadow(a,b):
    global x,y,z
ix=((x>a) & (x<b))
plt.fill_between(x,z,0,where=ix,facecolor='grey',alpha=0.25)
    plt.text(0.5*(a+b),0.2,r'$\int_a^b fx\mathrm{d}x$')


def XY_Axis(x_start, x_end, y_start, y_end):
    plt.xlim(x_start,x_end)
    plt.ylim(y_start,y_end)


def setValue():
    global x,y,z
    x=np.linspace(0.0, 6.0, 100)
    y=np.cos(2*np.pi*x)*np.exp(-x)+0.8
    z=0.5*np.cos(x*x)+0.8


def impChinese():
    mpl.rcParams['font.family']='SimHei'
    mpl.rcParams['font.sans-serif']=['SimHei']


setValue()
impChinese()
XY_Axis(0,6,0,1.8)
Shadow(0.8,3)
Draw()
```

组合图像如图 11-22 所示。

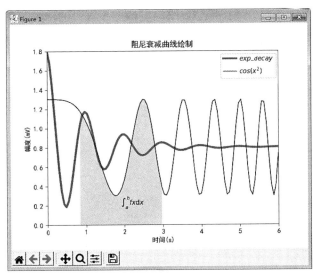

图 11-22　组合图像

pandas 和 matplotlib 的画图功能非常强大，能提供的图形种类也非常多。本章限于篇幅，只介绍了最常用的几种，读者可以参阅专门的书籍学习更多知识。

习题

1、创建一个 ndarray 一维数组，用它实现斐波那契数列。

2、用 ndarray 创建一维数组，实现向量的点积、相加运算，以及向量与标量的乘积、相加运算。

3、用 ndarray 创建二维数组，实现矩阵的相乘、相加、转置运算，并求矩阵的秩和逆矩阵。

4、用 ndarray 创建二维数组，把它看成行列式，求行列式的值。

5、已知方程组 $\begin{cases} x_1 - 2x_2 + 3x_3 = 0 \\ x_1 + 2x_2 - 8x_3 = 0 \\ 5x_1 + x_2 - 5x_3 = 10 \end{cases}$，利用 numpy 求解。

6、有一个 .xlsx 文件保存了学生的平时成绩和期末考试成绩，第一张表单保存了平时成绩，第二张表单保存了期末考试成绩，记录格式都是"姓名 成绩"，请将两张表单合并成一张表单，保存每个学生的姓名（假定没有同名同姓的学生）、平时成绩、期末考试成绩和期评成绩（期评成绩=平时成绩×0.3+期末考试成绩×0.7，结果保留一位小数），将结果保存到一个新 .xlsx 文件中。请用 pandas 实现这一功能。

7、有一个 .xlsx 文件保存了学生成绩，每行有一条记录，依次是"姓名 成绩"，请读取数据，统计每个分数段的人数，并绘制条形图。

8、自己设计数据，画出如下所示的条形图。

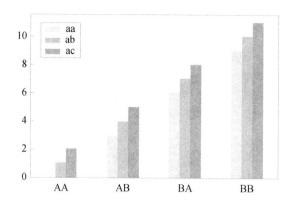

9、例 11-30 只绘制了一组数据的雷达图，请将其他几组数据的雷达图绘制出来。

10、请绘制标准正态分布曲线，其分布函数为 $f(x)=\dfrac{1}{\sqrt{2\pi}\sigma}\mathrm{e}^{-\frac{(x-\mu)^2}{2\sigma^2}}$。

参考文献

[1] 马瑟斯. Python 编程：从入门到实践[M]. 袁国忠，译. 2 版. 北京：人民邮电出版社，2020.

[2] 赫特兰. Python 基础教程[M]. 司维，曾军崴，谭颖华，译. 2 版. 北京：人民邮电出版社，2010.

[3] 刘顺祥. 从零开始学 Python 数据分析与挖掘[M]. 北京：清华大学出版社，2018.